"编"玩边学

Scratch
趣味编程进阶
—— 妙趣横生的数学和算法

◎ 谢声涛 编著

清华大学出版社

北京

内 容 简 介

本书将 Scratch 作为一门程序设计语言看待，通过大量数学和算法方面的编程案例，为广大中小学生提供了一本编程进阶的参考教材。

本书根据案例类型分为 12 章，共有 100 个妙趣横生的编程案例，涵盖数字黑洞、数学游戏、古算趣题、逻辑推理、玩扑克学算法、分形图等数学内容。本书最大的特点是案例丰富多彩，让人脑洞大开，是广大中小学生在受过 Scratch 编程入门教育之后进一步提高编程能力的编程宝典。通过阅读本书，将使读者更加热爱编程，更加热爱数学和算法，为广大中小学生打开一片新的数学编程天地。

本书不是零起点教材，适合已经过 Scratch 入门教育的广大中小学生、编程爱好者和参加中小学信息学竞赛的学生作为参考读物，也适合少儿编程培训机构作为课程设计的参考读物。

图书在版编目（CIP）数据

"编"玩边学：Scratch 趣味编程进阶：妙趣横生的数学和算法/谢声涛编著. —北京：清华大学出版社，2018(2024.8 重印)

ISBN 978-7-302-49560-4

Ⅰ. ①编… Ⅱ. ①谢… Ⅲ. ①程序设计—青少年读物 Ⅳ. ①TP311.1-49

中国版本图书馆 CIP 数据核字(2018)第 027555 号

责任编辑： 王剑乔
封面设计： 刘　键
责任校对： 袁　芳
责任印制： 杨　艳

出版发行： 清华大学出版社
　　　　网　　址：https://www.tup.com.cn，https://www.wqxuetang.com
　　　　地　　址：北京清华大学学研大厦 A 座　　　　　邮　　编：100084
　　　　社 总 机：010-83470000　　　　　　　　　　邮　　购：010-62786544
　　　　投稿与读者服务：010-62776969，c-service@tup.tsinghua.edu.cn
　　　　质量反馈：010-62772015，zhiliang@tup.tsinghua.edu.cn
印 装 者： 涿州市殷润文化传播有限公司
经　　销： 全国新华书店
开　　本： 185mm×260mm　　　　**印　张：** 10.75　　　　**字　　数：** 246 千字
版　　次： 2018 年 4 月第 1 版　　　　　　　　　　**印　　次：** 2024 年 8 月第 19 次印刷
定　　价： 52.00 元

产品编号：077404-01

前　言

　　Scratch 是由 MIT 媒体实验室为青少年开发的图形化编程工具,用于创作交互式故事、动画、游戏和其他程序,凭借其良好的界面交互设计,几乎所有年龄的人都能使用 Scratch。作为一种新型的程序设计语言,Scratch 具有高级编程语言的许多特性,如对象、事件、线程、同步、子程序、函数、数组、关系运算和逻辑运算等。Scratch 采用高度模块化封装设计,屏蔽了各种低级的编译错误,使人得以专注于编程逻辑本身,在中小学计算机编程教育领域越来越受欢迎,甚至在一些大学,也开设 Scratch 课程作为编程教育的入门课程。

　　本书精心挑选和设计的 100 个妙趣横生的编程案例,涵盖了数字黑洞、分形图、曲线方程、圆周率、趣味自然数、古算趣题、逻辑推理、数学游戏、玩扑克学算法等方面的内容,为广大中小学生提供了一本编程进阶的参考教材。

　　我国的诗词文化源远流长,古代数学家文理兼修,为考生出的"应用题"也是那么富有诗意。比如,这道"诗"题——

　　远望巍巍塔七层,红灯点点倍加增;

　　共灯三百八十一,请问尖头几盏灯?

　　像这样的古算诗题,直到今天读起来依然朗朗上口,理解起来又浅显易懂。本书也收集了一些妙趣横生的古算诗题,与读者一起分享和感受这份数学的诗意。

　　在浩瀚的宇宙中有能吞噬一切的神秘黑洞,连光也无法逃脱。而在数学上也有类似奇特的现象,人们称之为"数字黑洞",它们会按照自身的规则"吞噬"掉一切数字。本书将带读者领略这些妙趣横生的数字黑洞,比如西西弗斯黑洞,它会将一切数字转换为 123,并无限重复下去;而被称为"冰雹猜想"的数字黑洞,它会把任意自然数最终变换为 1,而且它的变换过程有时简直"惊心动魄"。

　　宇宙间万物极其复杂,而其构成却是简单的细胞、原子、分子等极其微小的事物。在数学中,一条线段、一个三角形、一个四边形或是一个六边形等看似简单无比的几何图形,按一定规则重复之后,却能产生令人称奇的复杂图案。本书将带领读者创造出美丽的雪花、勾股树、二叉树以及谢尔宾斯基三角形等神奇的分形图。

　　算法是程序的灵魂,但学起来却不容易。我们都知道学习编程最重要的是动手实践,但是在学习算法原理时，明明感觉自己懂了，而当编程实现时却又无从下手或是不得要领。本书将带领读者不用编程就能学习排序算法，通过扑克游戏领悟排序算法原理，反复练习就能掌握它们，之后再编程自然倍感简单，小学生也能轻松掌握。

此外，本书还将带领读者感受数学之美，只要一个简洁的曲线参数方程，就能一笔画出妙趣横生的曲线图案，比如笛卡儿心形线、玫瑰曲线、蝴蝶曲线、外摆线等；还将带领读者触摸"数学皇冠上的明珠"，编程验证被称为世界近代三大数学难题之一的"哥德巴赫猜想"……

一言以蔽之，本书通过 100 个妙趣横生的编程案例，激发学生的求知欲望，引导学生向数学和算法领域前进。

本书不是零起点教材，适合受过 Scratch 入门教育的中小学生和编程爱好者使用。如果读者之前学过使用 Scratch 编写小游戏，已经掌握了 Scratch 软件的基本操作，那么本书将非常适合读者进一步提升编程能力。

好了，让我们一起开始妙趣横生的 Scratch 编程之旅吧！

谢声涛

2018 年 1 月

使·用·说·明

阅读本书的前提

本书是介绍数学和算法内容的 Scratch 2.0 进阶教材,读者应初步掌握 Scratch 软件的基本操作,特别是 Scratch 中最为基础的控制、运算和数据模块的使用。另外,本书部分章节需要具备三角函数、参数方程和递归等知识才能更好地阅读和理解。

Scratch 软件版本

本书中的程序是基于 Scratch 2.0 编写,所用版本为 v456.0.4。早于这个版本号的软件的简体中文语言界面存在一些翻译欠妥的问题,建议读者把 Scratch 更新到 v456.0.4 及其之后的版本。

Windows 版本下载地址:

链接: https://pan.baidu.com/s/14KadWzFV1fPG3lNHpb1Lkw　提取码: z38r

Mac OS 版本下载地址:

链接: https://pan.baidu.com/s/14JREQ_frFiBhbc9GseYwug　提取码: duds

获取范例程序

本书所有范例程序均调试通过,并按照各章节归入不同目录存放,以供读者参考。

要获取这些范例程序文件,可以直接访问短网址: http://dwz.cn/6rPLcs,然后按照页面提示获取本书的范例程序;也可以扫描下方二维码直接获取。

读者也可以加入本书的官方 QQ 群 126170677 获取范例程序,并可与本书编著者及网友进行在线交流。

目 录

第1章 **数字黑洞**   **1**

1.1 西西弗斯黑洞 ·· 1

1.2 冰雹猜想 ·· 3

1.3 圣经数 ·· 5

1.4 卡普雷卡尔黑洞 ·· 6

1.5 数字黑洞1和4 ·· 9

第2章 **趣味自然数**   **11**

2.1 水仙花数 ··· 11

2.2 完全数 ·· 13

2.3 亲密数 ·· 14

2.4 回文数 ·· 15

2.5 勾股数 ·· 16

2.6 四方定理 ··· 18

2.7 尼科彻斯定理 ··· 19

第3章 **趣味素数**   **21**

3.1 厄拉多塞筛法 ··· 21

3.2 哥德巴赫猜想 ··· 23

3.3 梅森素数 ··· 25

3.4 孪生素数 ··· 26

3.5 回文素数 ··· 27

3.6 可逆素数 ··· 28

第 4 章　最大公约数　　29

4.1　辗转相除法 ·················· 29

4.2　更相减损法 ·················· 30

4.3　辗转相减法 ·················· 32

4.4　Stein 算法 ·················· 33

第 5 章　圆周率　　35

5.1　割圆术之周长法 ·················· 35

5.2　割圆术之面积法 ·················· 37

5.3　莱布尼茨级数 ·················· 39

5.4　尼拉坎特哈级数 ·················· 40

5.5　BBP 公式 ·················· 41

5.6　蒙特卡罗方法 ·················· 43

第 6 章　曲线之美　　45

6.1　笛卡儿心形曲线 ·················· 45

6.2　桃心形曲线 ·················· 47

6.3　玫瑰曲线 ·················· 48

6.4　蝴蝶曲线 ·················· 50

6.5　外摆线 ·················· 52

6.6　自定义外摆线 ·················· 54

第 7 章　神奇分形图　　56

7.1　谢尔宾斯基三角形 ·················· 56

7.2　谢尔宾斯基地毯 ·················· 58

7.3　六角形雪花 ·················· 60

7.4　二叉树 ·················· 62

7.5　勾股树 ·················· 64

第 8 章　古算趣题　　68

8.1　浮屠增级 ·················· 69

8.2　书生分卷 ·················· 70

8.3　以碗知僧 ·················· 71

8.4　牧童分杏 ·················· 72

8.5　诵课倍增 ……………………………………………… 73

8.6　李白沽酒 ……………………………………………… 74

8.7　蜗牛爬树 ……………………………………………… 75

8.8　百僧分馍 ……………………………………………… 76

8.9　孔明统兵 ……………………………………………… 78

8.10　千钱百鸡 …………………………………………… 79

8.11　酒有几瓶 …………………………………………… 80

8.12　日行几里 …………………………………………… 82

8.13　利滚利债 …………………………………………… 83

8.14　鸡鸭若干 …………………………………………… 84

8.15　客有几人 …………………………………………… 85

8.16　二果问价 …………………………………………… 86

8.17　隔沟算羊 …………………………………………… 87

8.18　红灯几盏 …………………………………………… 88

第 9 章　逻辑推理　90

9.1　肖像在哪里 …………………………………………… 90

9.2　认出五大洲 …………………………………………… 92

9.3　赛跑排名 ……………………………………………… 93

9.4　如何分票 ……………………………………………… 95

9.5　谁是杀手 ……………………………………………… 96

9.6　谁是小偷 ……………………………………………… 97

9.7　新郎和新娘 …………………………………………… 98

9.8　谁是雷锋 …………………………………………… 100

9.9　诚实族和说谎族 …………………………………… 101

9.10　谁在说谎 ………………………………………… 103

9.11　黑与白 …………………………………………… 105

9.12　区分旅客国籍 …………………………………… 106

9.13　她们在做什么 …………………………………… 109

第 10 章　数学游戏　113

10.1　吉普赛读心术 …………………………………… 113

10.2　算术板球游戏 …………………………………… 115

10.3　骰子赛车 ………………………………………… 117

10.4　十点半 …………………………………………… 119

10.5　抢十八 …………………………………………… 121

10.6　常胜将军 ··· 123

10.7　汉诺塔 ·· 124

10.8　兰顿蚂蚁 ··· 125

第11章　竞赛趣题　　　　　　　　　　　　　　　　　　　**128**

11.1　雯雯摘苹果 ··· 129

11.2　国王发金币 ··· 130

11.3　三色球问题 ··· 131

11.4　小鱼有危险吗 ··· 132

11.5　狐狸找兔子 ··· 133

11.6　龟兔赛跑 ··· 134

11.7　守望者的逃离 ··· 135

11.8　找零钱 ·· 136

11.9　饮料换购 ··· 137

11.10　复制机器人 ··· 138

11.11　猴子选大王 ··· 139

11.12　微生物增殖 ··· 140

11.13　石头剪刀布 ··· 141

11.14　古堡算式 ··· 143

11.15　拦截导弹 ··· 145

第12章　玩扑克学算法　　　　　　　　　　　　　　　　　**147**

12.1　冒泡排序 ··· 147

12.2　选择排序 ··· 150

12.3　插入排序 ··· 152

12.4　希尔排序 ··· 154

12.5　快速排序 ··· 156

12.6　顺序查找 ··· 158

12.7　二分查找 ··· 159

参考文献　　　　　　　　　　　　　　　　　　　　　　　**162**

第1章　数字黑洞

在浩瀚的宇宙中,存在着一种质量极其巨大而体积却十分微小的天体,它有着无比强大的引力,能够吞噬任何经过它附近的物质,连光也无法逃脱。在天文学中,把这种不可思议的天体叫作"黑洞"。

在数学中,也有着一种神秘而有趣的"数字黑洞"现象。所谓数字黑洞,就是无论如何设定初始数值,在某种黑洞规则下,经过反复迭代后,最终都会得到固定的一个数值,或者陷入一组数值的循环之中,就像宇宙中的黑洞吞噬它周围的任何物质一样。

数字黑洞是一种神秘而富有趣味的现象,它的发现具有一定的偶然性,它的计算过程非常简单,而它的证明却异常困难,有的至今仍然无法得到证明。这也恰恰是数学的魅力所在。数字黑洞是一种富有吸引力的数学文化,能够提高青少年学习数学的兴趣,对全面认识数学大有益处。

本章将带领读者探索神秘而有趣的数字黑洞,内容如下:

◇ 西西弗斯黑洞
◇ 冰雹猜想
◇ 圣经数
◇ 卡普雷卡尔黑洞
◇ 数字黑洞 1 和 4

1.1　西西弗斯黑洞

 问题描述

西西弗斯黑洞是一种运算简单的数字黑洞,也被称为"123 数字黑洞"。简单地说,就是对任一数字串按某种规则重复进行,所得结果都是"123",而一旦转变成"123"之后,再按规则无论进行多少次,每次转换的结果都会无休止地重复着"123"。这和一个希腊神话故事很相似。

传说科林斯国王西西弗斯因为触犯了众神而受到处罚,诸神命令他将一块巨石推上一座陡峭高山的山顶。但无论他怎么努力,每当这块巨石快要到达山顶时就又滚下山去,让他前功尽弃。于是他只得重新再推,永无休止。因此,人们借用这个故事,形象地将"123 数字黑洞"称为"西西弗斯黑洞"。

西西弗斯黑洞(123数字黑洞)的规则如下：

任意取一个自然数，求出它所含偶数的个数、奇数的个数和这个数的位数，将这3个数按照"偶-奇-总"的顺序排列得到一个新数。对这个新数重复前面的做法，最终结果必然得到123。

例如，1234567890，该自然数中包含5个偶数，5个奇数，该数是10位数。

将统计出的这3个数按照"偶-奇-总"的顺序排列得到一个新数：5510。

接着将新数5510按以上规则重复进行，可得到新数：134。

又将新数134按以上规则重复进行，最终得到数字：123。

 编程思路

根据123数字黑洞的规则，采用递归结构设计验证这个数字黑洞的程序。该程序由入口程序和"数字黑洞123"模块组成。

(1) 入口程序：负责接收用户输入的任意一串数字，并将其放入数字黑洞中。

(2) "数字黑洞123"模块：按照这个数字黑洞的规则对输入的一串数字进行变换运算，直到得到123为止。

 程序清单

程序清单见图1-1。

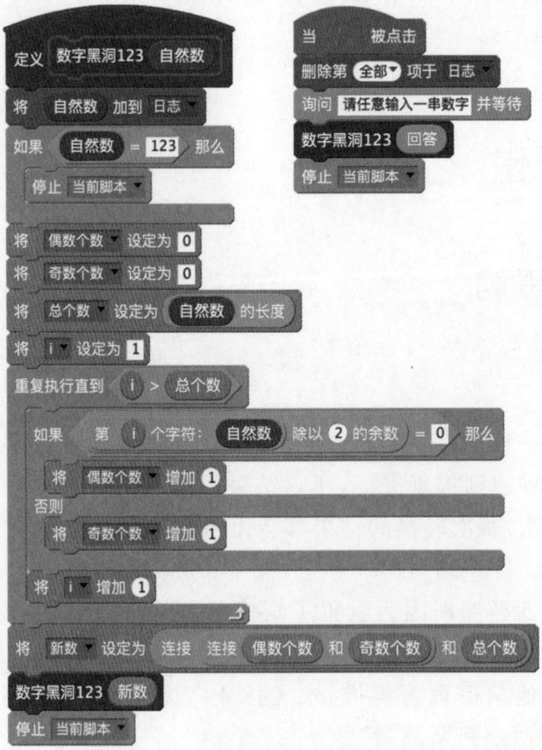

图1-1　"西西弗斯黑洞"程序清单

单击绿旗运行程序,输入如下圆周率 π 值的前 100 位数字:

31415926535897932384626433832795028841971693993751058209749445923078164062862089986280348525342117067

然后在"日志"列表中看到变化过程为:5149100,347,123。由此可见,像 100 位 π 值这样长的数字掉入 123 数字黑洞中也不能摆脱被"吞噬"的命运。

输入一些任意长度的数字试一试,观察这个数字黑洞能否将它们"吞噬"。

1.2　冰雹猜想

在 20 世纪 70 年代中期,出现了一种风靡于美国各所名牌大学校园的数学游戏,无论是学生还是教师、研究员和教授们都纷纷对它着了迷。这个游戏的规则非常简单:任意写出一个自然数 n,如果是奇数,则把它变成 $3n+1$;如果是偶数,则把它变成 $n/2$。如此反复运算,最终必然得到 1,确切地说是落入"4-2-1"的循环之中。

这个有趣的数学游戏逐渐引起了全世界数学爱好者的兴趣,人们争先恐后地去研究它的规律,并试图证明它。人们发现运算过程中的数字起伏变化,忽大忽小,有时还很剧烈。这就像积雨云中的小雨点,会被猛烈上升的气流带上零度以下的高空,凝固成小冰珠。随着含水汽的上升气流增大,小冰珠逐渐变大,最终变成大冰雹从天而降,砸到地面上。因此人们形象地把这个数学游戏称为"冰雹猜想"。

世界各国研究"冰雹猜想"的人很多,并给它起了许多名字,如西拉古斯猜想、考拉兹猜想、角谷猜想、哈塞猜想、奇偶归一猜想、3x+1 问题……

然而,这个有趣而诱人的数字冰雹,一点点地把研究者的热情冷却,很多人选择了退出;而仍然坚持研究或者后来加入的人,至今也无法证明这个猜想。

今天借助于计算机编程技术,我们可以很方便地验证"冰雹猜想"。接下来,让我们编写程序,感受数字掉入"冰雹猜想"这个数字黑洞后的神奇变化吧。

数字黑洞"冰雹猜想"的规则如下:

对任意一个自然数 n,如果它是奇数,则对它乘 3 再加 1;如果它是偶数,则对它除以 2。如此反复运算,最终都能够得到 1。即

奇数:$n=3×n+1$

偶数:$n=n÷2$

根据"冰雹猜想"数字黑洞的规则,采用递归结构设计验证这个数字黑洞的程序。该程序由入口程序和"冰雹猜想"模块组成。

（1）入口程序：接收用户输入的一个自然数，并将其放入数字黑洞中。

（2）"冰雹猜想"模块：按照这个数字黑洞的规则进行变换运算，直到最后得到1为止。

 程序清单

根据以上编程思路编写验证这个数字黑洞的程序，程序清单见图1-2。

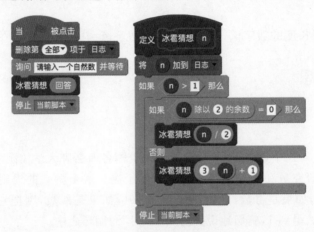

图1-2 "冰雹猜想"程序清单

单击绿旗运行程序，输入一个自然数"27"，然后在"日志"列表中查看整个"冰雹"的变化过程：

27,82,41,124,62,31,94,47,142,71,214,107,322,161,484,242,121,364,182,91,
274,137,412,206,103,310,155,466,233,700,350,175,526,263,790,395,1186,593,
1780,890,445,1336,668,334,167,502,251,754,377,1132,566,283,850,425,1276,638,
319,958,479,1438,719,2158,1079,3238,1619,4858,2429,7288,3644,1822,911,2734,
1367,4102,2051,6154,3077,9232,4616,2308,1154,577,1732,866,433,1300,650,325,
976,488,244,122,61,184,92,46,23,70,35,106,53,160,80,40,20,10,5,16,8,4,2,1。

 **小知识**

自然数27是英国剑桥大学教授John Conway找到的一个自然数，它貌似普通，但起伏变化异常剧烈，经过77次变换后达到峰值，之后经过34次变换跌落地面变为1。整个变换过程需要111步，其峰值为9232，约为原有数字27的342倍，然而最终也无法逃脱这个数字黑洞。

试一试

任意输入一些自然数，看看它们在这个"冰雹猜想"的数字黑洞中是否像27这样变化剧烈。

1.3 圣经数

问题描述

"数字黑洞153"又叫作"圣经数",这个奇妙的数字黑洞是一个叫科恩(P. Kohn)的以色列人发现的。科恩是一位基督徒,有一次,他在读圣经《新约全书》的"约翰福音"第21章时,读到"耶稣对他们说:'把刚才打的鱼拿几条来。'西门·彼得就去把网拉到岸上。那网网满了大鱼,共153条;鱼虽这样多,网却没有破"。

数感极好的科恩无意中发现153是3的倍数,并且它的各位数字的立方和仍然是153。无比兴奋之余,他又用另外一些3的倍数来做同样的计算,最后的得数也都是153。于是,科恩就把他发现的这个数153称为"圣经数"。

后来,英国《新科学家》周刊上负责常设专栏的一位学者奥皮亚奈对此做出了证明;《美国数学月刊》对有关问题也进行了深入的探讨。

圣经数(数字黑洞153)的规则如下:

> 任意取一个是3的倍数的自然数。求出这个数各个数位上数字的立方和,得到一个新数;然后再求出这个新数各个数位上数字的立方和,又得到一个新数。如此重复运算下去,最后一定掉入数字黑洞153之中。

例如,69是3的倍数,按照数字黑洞153的规则,它的变换过程如下:
$6^3 + 9^3 = 945, 9^3 + 4^3 + 5^3 = 918, 9^3 + 1^3 + 8^3 = 1242, 1^3 + 2^3 + 4^3 + 2^3 = 81, 8^3 + 1^3 = 513, 5^3 + 1^3 + 3^3 = 153, \cdots\cdots$

编程思路

根据数字黑洞153的规则,使用递归结构设计验证这个数字黑洞的程序。该程序由入口程序和"数字黑洞153"模块组成。

(1) 入口程序:接收用户输入的整数,如果该整数是3的倍数就将其放入数字黑洞中处理,否则就提示用户重新输入一个3的倍数。

(2) "数字黑洞153"模块:按照数字黑洞153的规则对输入的整数进行变换运算,直至得到153为止。

程序清单

该程序清单见图1-3。

单击绿旗运行程序,输入一个3的倍数"999",然后在"日志"列表中查看这个数在数字黑洞中的变化过程:

999, 2187, 864, 792, 1080, 513, 153。

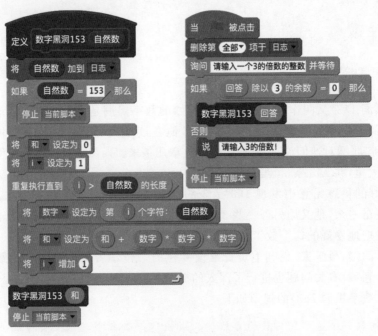

图 1-3　"数字黑洞 153"程序清单

试一试

输入其他 3 的倍数，看看数字黑洞 153 是否也会将它们吞噬。

1.4　卡普雷卡尔黑洞

问题描述

在人教版小学《数学（五年级上册）》中就介绍了"数字黑洞 6174"，它是印度数学家卡普雷卡尔于 1949 年发现的，又称为"卡普雷卡尔黑洞"。这个数字黑洞在运算过程中需要对各数位重新排列和求取差值，所以也被称为"重排求差黑洞"。

卡普雷卡尔黑洞（数字黑洞 6174）的规则如下：

取任意一个不完全相同的 4 位数，将组成该数的 4 个数字由大到小排列组成一个大的数，又由小到大排列组成一个小的数，再用大数减去小数得到一个差值，之后对差值重复前面的变换步骤，最终会掉入数字黑洞 6174 之中。

例如，整数 8848。对其各位数重排后得到大数 8884 和小数 4888，用大数减去小数得到差值为 3996。之后对整数 3996 按上述规则继续变换的过程为：9963－3699＝6264，6642－2466＝4176，7641－1467＝6174。经过四次变换，整数 8848 就掉进数字黑洞 6174之中。

编程思路

根据卡普雷卡尔黑洞的规则,设计验证这个数字黑洞的程序。该程序可分解为以下几个部分。

(1)入口程序,见图1-4。用于接收用户输入的4位整数,并将该数放入数字黑洞。

(2)模块1:"数字黑洞6174"模块,见图1-5。该模块用于按照数字黑洞6174的规则对输入的整数进行运算,直到最后得到6174。

(3)模块2:"分解数字"模块,见图1-6。该模块用于将用户输入的4位整数的各位数字分解后存放到一个"数组"列表中。

(4)模块3:"取大数"模块,见图1-7。该模块用于取得重排后的最大数。

(5)模块4:"取小数"模块,见图1-8。该模块用于取得重排后的最小数。

(6)模块5:"选择排序"模块,见图1-9。该模块使用选择排序算法对"数组"列表中的数字按照从大到小的顺序排列。

 程序清单

程序清单见图1-4～图1-9。

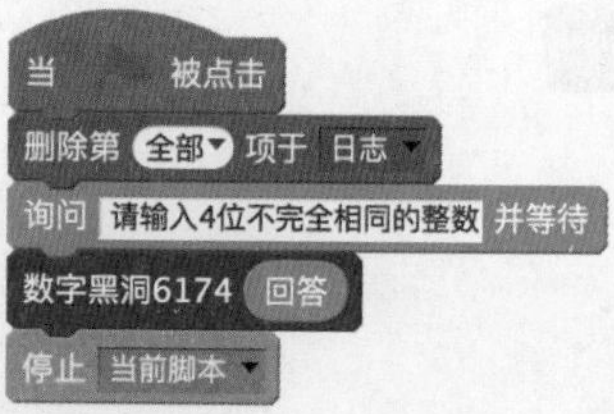

图 1-4 入口程序

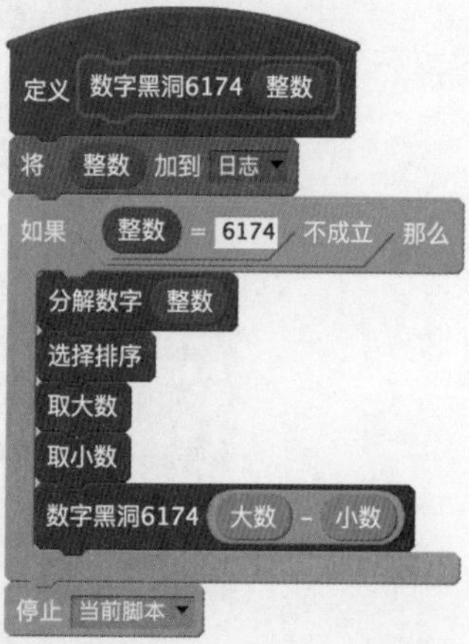

图 1-5 "数字黑洞6174"模块

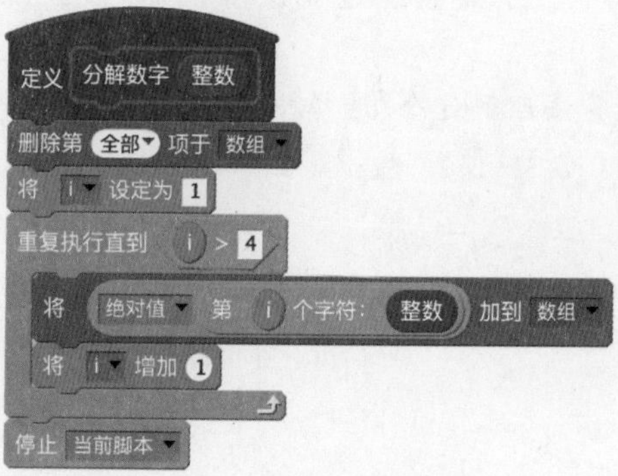

图 1-6 "分解数字"模块

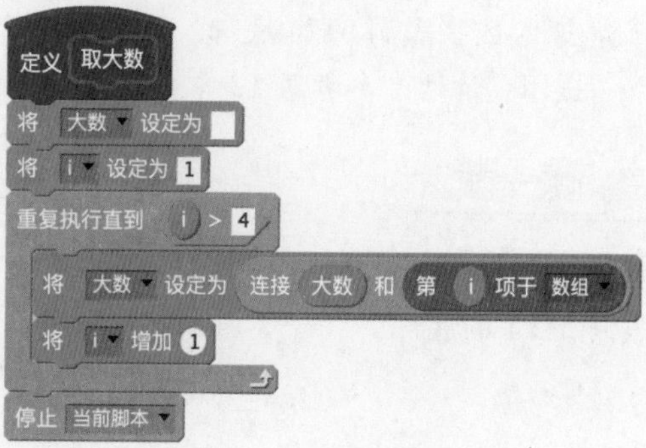

图 1-7 "取大数"模块

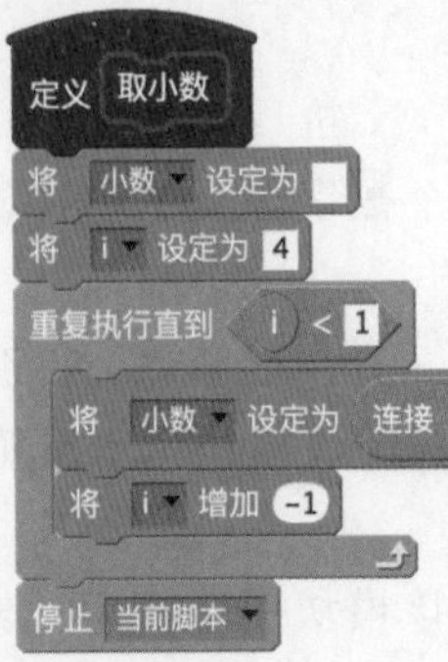

定义 取小数

将 小数 ▼ 设定为 ▢
将 i ▼ 设定为 4
重复执行直到 i < 1
　将 小数 ▼ 设定为 连接 小数 和 第 i 项于 数组 ▼
　将 i ▼ 增加 -1
停止 当前脚本 ▼

图 1-8　"取小数"模块

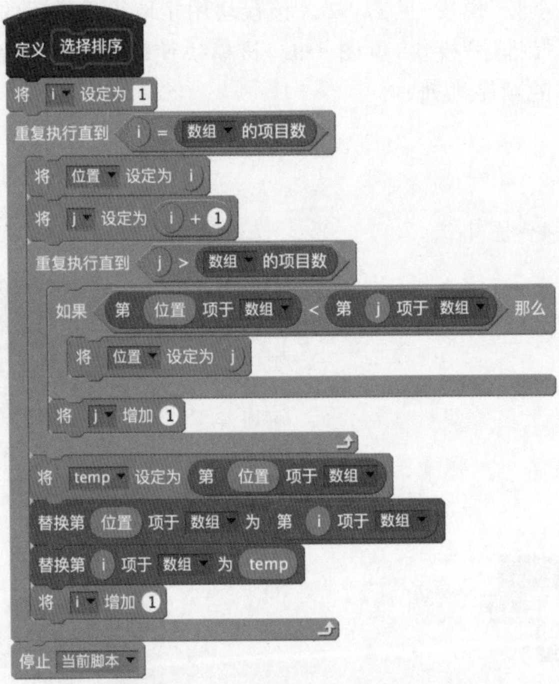

定义 选择排序

将 i ▼ 设定为 1
重复执行直到 i = 数组 ▼ 的项目数
　将 位置 ▼ 设定为 i
　将 j ▼ 设定为 i + 1
　重复执行直到 j > 数组 ▼ 的项目数
　　如果 第 位置 项于 数组 ▼ < 第 j 项于 数组 ▼ 那么
　　　将 位置 ▼ 设定为 j
　　将 j ▼ 增加 1
　将 temp ▼ 设定为 第 位置 项于 数组 ▼
　替换第 位置 项于 数组 ▼ 为 第 i 项于 数组 ▼
　替换第 i 项于 数组 ▼ 为 temp
　将 i ▼ 增加 1
停止 当前脚本 ▼

图 1-9　"选择排序"模块

　　单击绿旗运行程序，输入一个整数 1688。这个数字黑洞经过 5 次变换后，使整数 1688 掉入数字黑洞 6174 底部。

　　提示：请读者参考第 12 章中介绍的选择排序算法理解这个"选择排序"模块。

试一试

　　输入一些 4 位不完全相同的整数进行验证，看看它们经过多少次变换后会掉入数字黑洞 6174 的底部。

1.5 数字黑洞1和4

问题描述

在前面介绍的几种数字黑洞中,除了"冰雹猜想"是一个循环黑洞之外,其他几个数字黑洞都是单一数值黑洞。而这里介绍的"数字黑洞1和4"却是一个复合黑洞,也就是说这个数字黑洞是由单一数值黑洞和循环黑洞两种类型组成。任何非0的自然数掉入这个数字黑洞中,有的会转入分支数字黑洞1,之后永远是1;有的会转入分支数字黑洞4,之后会一直按照"4、16、37、58、89、145、42、20"的顺序循环出现。

"数字黑洞1和4"的规则如下:

任意取一个非0自然数,求出它各个数位上数字的平方和,得到一个新数;再求出这个新数各个数位上数字的平方和,又得到一个新数。如此进行下去,最后要么出现1,之后永远都是1;要么出现4,之后开始按"4、16、37、58、89、145、42、20"循环。

例如,自然数139,按照该数字黑洞的规则进行变换,会落入数字黑洞1的分支中。它的变换过程如下:

$1^2+3^2+9^2=91,9^2+1^2=82,8^2+2^2=68,6^2+8^2=100,1^2+0^2+0^2=1,\cdots\cdots$

再如,自然数42,按照该数字黑洞的规则进行变换,会落入数字黑洞4的分支中。它的变换过程如下:

$4^2+2^2=20,2^2+0^2=4,4^2=16,1^2+6^2=37,3^2+7^2=58,5^2+8^2=89,8^2+9^2=145,$
$1^2+4^2+5^2=42,4^2+2^2=20,2^2+0^2=4,\cdots\cdots$

编程思路

根据"数字黑洞1和4"变换规则的描述,设计验证这个数字黑洞的程序。该程序可分解为以下几个部分。

(1)入口程序,见图1-10。用于接收用户输入的非0自然数。

(2)模块1:数字黑洞1和4,见图1-11。该模块用于处理数字黑洞1,同时转向分支黑洞4。

(3)模块3:分支数字黑洞4,见图1-12。该模块用于对落入分支黑洞4的数字进行处理。

(4)模块3:求平方和,见图1-13。该模块用于求出输入自然数各数位的数字平方和。

程序清单

程序清单见图1-10~图1-13所示。

图1-11　"数字黑洞1和4"模块

图1-10　入口程序

图1-12　"分支数字黑洞4"模块

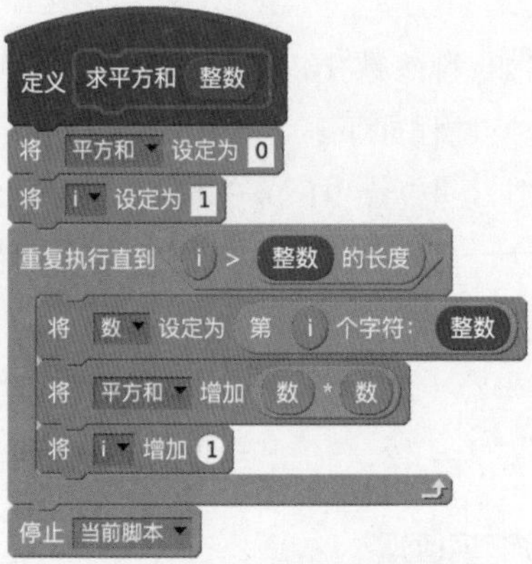

图1-13　"求平方和"模块

单击绿旗运行程序，输入一个自然数7。这个数字黑洞经过5次变换后，使自然数7最终落入分支数字黑洞1。

试一试

输入一些非0的自然数，测试它们经过多少次变换之后会掉入这个数字黑洞的哪个分支。

第 2 章 趣味自然数

"门前大桥下,游过一群鸭。快来快来数一数,二四六七八……"这首《数鸭子》是人们喜闻乐见的儿童歌曲,它将自然数的概念寓于趣味活泼的歌曲故事中,潜移默化地引导儿童认知和掌握自然数。

从远古时代起,人类在漫长的生产劳动和生活实践中,逐渐从具体的事物数量中抽象出数的概念,并进一步产生和形成了自然数。像 0,1,2,3,4,… 这样用于表示物体个数的数就叫作自然数。自然数从 0 开始,一个接一个,无穷无尽。

一个人在幼儿时就会张开双手从 1 数到 10 并进行一些简单的计算。在这些看似平淡无奇的数字中,有一些自然数经过某种规则的运算之后,会表现出非常有趣的特征。而且,人们还给它们起了一些很有意思的名字,比如水仙花数、完全数、亲密数、自守数、回文数……

本章将介绍一些富有趣味的自然数,并编写程序找出这些有趣的自然数,内容如下:
◇ 水仙花数
◇ 完全数
◇ 亲密数
◇ 回文数
◇ 勾股数
◇ 四方定理
◇ 尼科彻斯定理

2.1 水仙花数

 问题描述

水仙花数(Narcissistic Number)是指一个三位数,它各位数字的立方和等于该数本身。

为什么这样的数叫作水仙花数呢? 据说来源于古希腊神话中的美少年那喀索斯(Narcissus),他在水塘边被自己在水中美丽的倒影吸引,久久不愿离去,最后忧郁而死,化作一朵水仙花。水仙花的英文名是 Narcissus,与水仙花数的词根是一样的;narcissistic 的意思是"自我陶醉的,自恋的,自我崇拜的"。所以,水仙花数也被称为自恋数。

比如，自然数 153 就是一个水仙花数，它各位数字的立方和为：$1^3 + 5^3 + 3^3 = 153$。那么，在所有的三位数中到底有多少个水仙花数呢？下面就编写程序来寻找所有的水仙花数。

 编程思路

寻找水仙花数的程序并不复杂，只要列举出所有的三位数，再把每一个三位数拆解出百位、十位和个数上的数字，并计算它们的立方和；然后判断如果这个立方和等于这个三位数本身，那么这个三位数就是水仙花数。

 程序清单

程序清单见图 2-1。

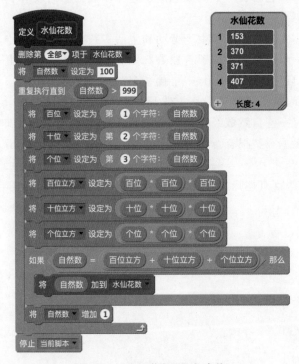

图 2-1 "水仙花数"程序清单

单击绿旗运行程序，将寻找到的全部水仙花数存放在"水仙花数"列表中。这些水仙花数是 153、370、371、407。

 **小知识**

像水仙花数这样，对于一个 n 位数，如果它每个位上的数字的 n 次方之和等于它本身，我们就把这个 n 位数叫作自幂数。当 n 为 3 时，自幂数称为水仙花数；当 n 为 4、5、6、7、8、9、10 时，自幂数分别称为四叶玫瑰数、五角星数、六合数、北斗七星数、八仙数、九九重阳数、十全十美数。

 **试一试**

如果你对这些五花八门的自然数感兴趣,可以编写程序找出它们,赶快试试吧!

2.2　完全数

 问题描述

完全数(Perfect Number)又称完美数或完备数。它的定义:如果一个自然数恰好等于除去它本身以外的所有因数之和,这种数就叫作完全数。比如,自然数 6 就是一个完全数,除去它自身的因数是 1、2、3,三个因数之和为 6,恰好等于该数自身。

古希腊数学家毕达哥拉斯是最早研究完全数的人,他在当时已经知道 6 和 28 是完全数。毕达哥拉斯曾说:"6 象征着完满的婚姻以及健康和美丽,因为它的部分是完整的,并且其和等于自身。"在完全数被发现之后,无数的数学家和业余爱好者醉心于寻找更多的完全数。

现在,让我们也加入寻找完全数的行列,编写程序找出自然数 1000 以内的完全数。

 编程思路

采用枚举法编写程序,依次列举每一个自然数,求出不包括它自身的各因数之和,如果这个和等于这个自然数,则这个自然数就是一个完全数。

程序清单

程序清单见图 2-2。

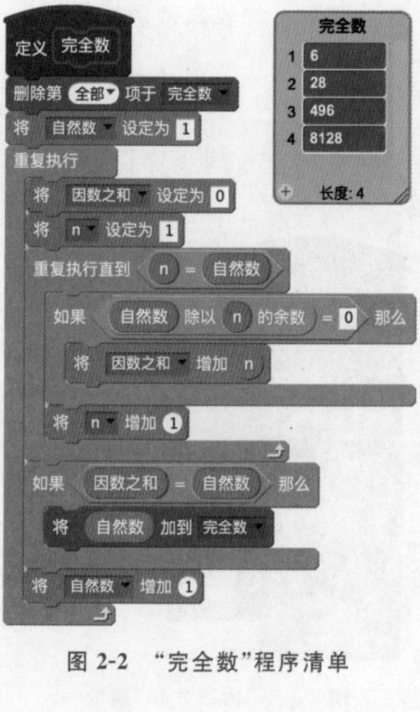

图 2-2　"完全数"程序清单

单击绿旗运行程序，很快就能找到 1000 以内的 3 个完全数是 6、28 和 496。之后再经过一段时间，又找到一个四位数的完全数 8128。而要找到第 5 个完全数就需要花些时间了，如果你有耐心，当寻找到 8 位的自然数时就能找到 33550336 这个完全数。很显然，使用的这个算法是比较低效的，要想继续寻找更大的完全数是不切实际的。

由此可见，寻找完全数并不是一件容易的事情。经过数学家们的努力，到目前为止，一共找到了 48 个完全数。

试一试

使用前面的算法找到第 5 个完全数，想一想是否有其他高效的算法。

2.3 亲密数

问题描述

亲密数的定义：如果一个自然数 a 的全部因子（排除它自身）之和等于另一个自然数 b，并且自然数 b 的全部因子（排除它自身）之和也等于自然数 a，那么，这对自然数 a 和 b 就称为亲密数。请编写程序寻找亲密数，看看能找到多少对亲密数？

编程思路

采用枚举法编写程序寻找亲密数。按照亲密数的定义，先计算出自然数 a 的因数之和，将其作为自然数 b；再计算出自然数 b 的因数之和，用它和自然数 a 比较，如果两者相等，则自然数 a 和 b 是亲密数。当自然数 a 和 b 相等，则找到的是完全数；当自然数 a 大于 b 时，则找到是重复的亲密数对。因此，为防止这两种情况出现，要先判断如果自然数 a 小于 b 时，才继续判断 b 是否与自然数 a 构成亲密数对。

程序清单

根据上面介绍的算法编写寻找亲密数的程序，该程序主要由"因数之和"模块（见图 2-3）和"亲密数"模块（见图 2-4）组成。

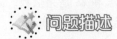

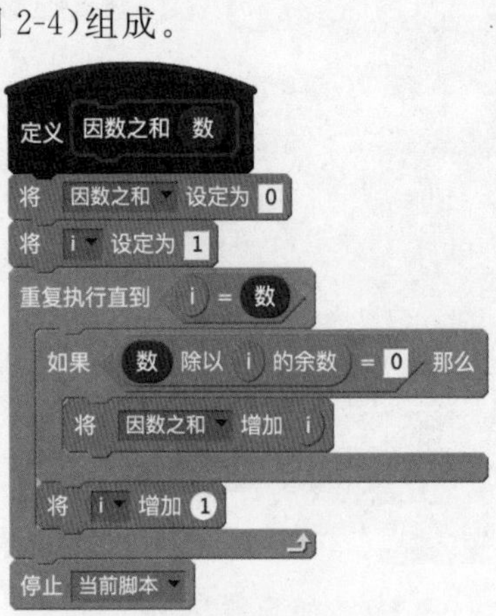

图 2-3 "因数之和"模块

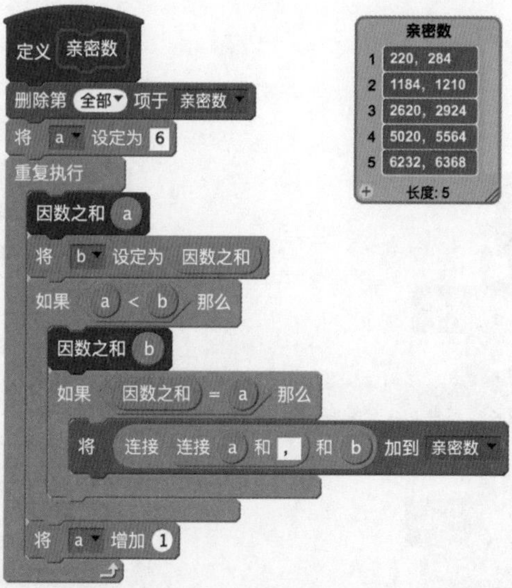

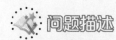

图 2-4 "亲密数"模块

单击绿旗运行程序,这个程序就会不停地寻找出亲密数,找到的亲密数会记录到"亲密数"列表中。

试一试

继续找到第 9 对"亲密数"。

2.4 回文数

问题描述

回文数是指正着读、反着读,都相同的数字。例如,12321、2332 等。

有一个寻找回文数的算法如下:

随意找一个自然数,把它的各位数字由后往前重新排列得到一个倒序数,把这两个数相加得到一个和数。如此反复若干次,这个和数就是一个回文数。

例如,把自然数 96 按上述算法得到回文数的过程如下:

$96+69=165$,$165+561=726$,$726+627=1353$,$1353+3531=4884$。

这里只需要 4 步就得到一个回文数 4884。请编写程序,实现寻找回文数的算法。

编程思路

这个算法在数学上尚未证明,仍然是一个猜想。可以编写程序来验证这个猜想。该程序接受用户输入的一个自然数,然后将它转换成一个回文数,同时把转换的过程显示出来。

程序清单

程序清单见图 2-5。

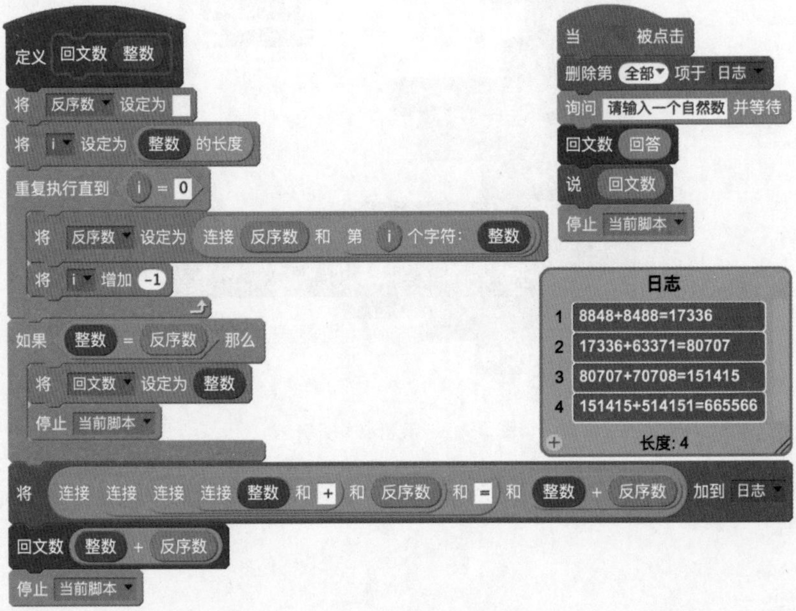

图 2-5 "回文数"程序清单

单击绿旗运行程序，输入一个自然数：8848。程序执行后会在"日志"中显示出转换过程，最终得到一个回文数：665566。

试一试

随意输入一些自然数，看看是否都能转换为回文数。

如果输入自然数 196，将可能得不到回文数，你可以试一试。

小知识

像 196 这样按照上述回文数算法进行变换而无法得到回文数的自然数，称为利克瑞尔数(Lychrel Number)。但是人们至今未找到一个利克瑞尔数，196 这个数仅是第一个可能的利克瑞尔数。有人将 196 按照上述算法变换了数十万次仍然没有得到回文数，而且既不能肯定继续运算下去是否永远得不到回文数，也不知道再运算多少次才能最终得到回文数。

2.5 勾股数

问题描述

勾股数是指能构成直角三角形三条边的三个自然数(a、b、c)，它们是符合勾股定理的一组自然数。勾股定理是指直角三角形两条直角边 a、b 的平方和等于斜边 c 的平方（$a^2+b^2=c^2$）。请编写程序找到 100 以内所有的勾股数。

 编程思路

　　最小的勾股数是 3、4、5。要避免 3、4、5 和 4、3、5 这样重复的勾股数，就要使三个数符合 $a<b<c$ 的关系。该程序采用枚举算法，从 3 开始依次列举 a、b、c 三个变量的可能值，并使用勾股定理判断这三个变量值是否符合要求。如果符合勾股定理的要求，就把这三个变量记录到"勾股数"列表中。

 程序清单

　　寻找勾股数的程序清单见图 2-6。

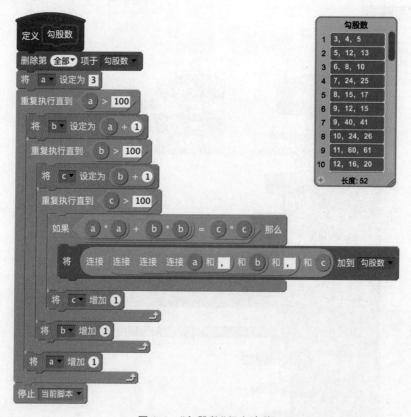

图 2-6　"勾股数"程序清单

　　运行该模块，将会得到 100 以内所有的勾股数，并记录到"勾股数"列表中。

 试一试

　　使用前面的算法找出自然数 100～1000 的所有勾股数。

2.6 四方定理

问题描述

"四方定理"是一个数论中著名的定理，指所有自然数至多只要用四个数的平方和就可以表示。请编写一个程序验证四方定理。

编程思路

采用四重循环建立枚举结构，依次列表显示出四个数并计算它们的平方和，再判断如果这个平方和等于输入的自然数，则验证通过。

程序清单

该程序清单见图 2-7。

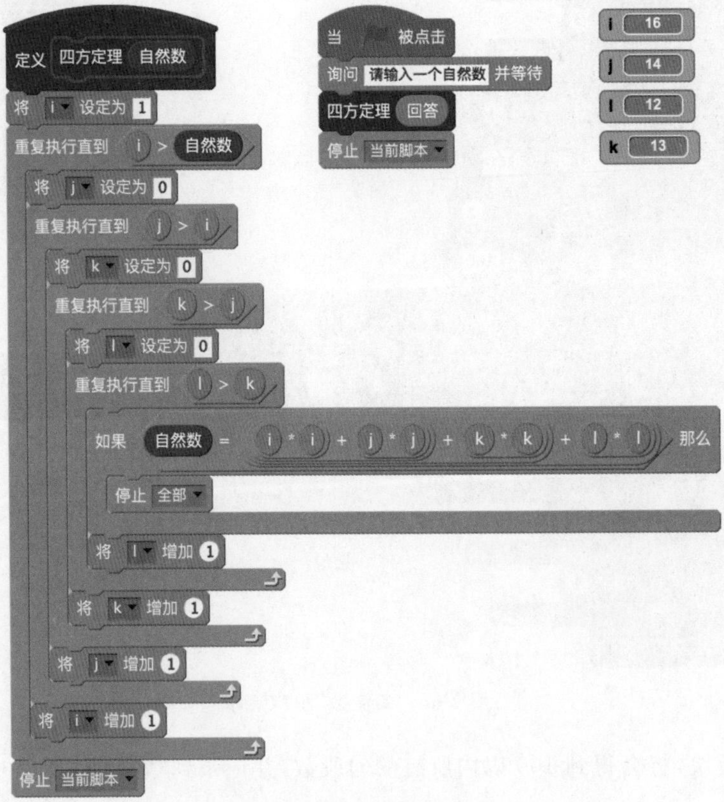

图 2-7 "四方定理"程序清单

单击绿旗运行程序，输入一个自然数 765。程序执行后得到结果，i、j、k、l 分别为 16、14、13、12，四个数的平方和等于 765，这说明四方定理验证通过。

任意输入一些自然数,验证四方定理是否成立。

2.7 尼科彻斯定理

 问题描述

尼科彻斯定理是指任何一个自然数的立方都可以表示成一串连续奇数的和。请编写一个程序验证尼科彻斯定理。

 编程思路

采用枚举法,从第一个奇数 1 开始累计和,直到这个和等于立方数,则验证通过。如果这个和超过立方数,则从下一个奇数开始重新累计和。循环中每次递增 2 以保证下一个数也是奇数。

 程序清单

该程序清单见图 2-8。

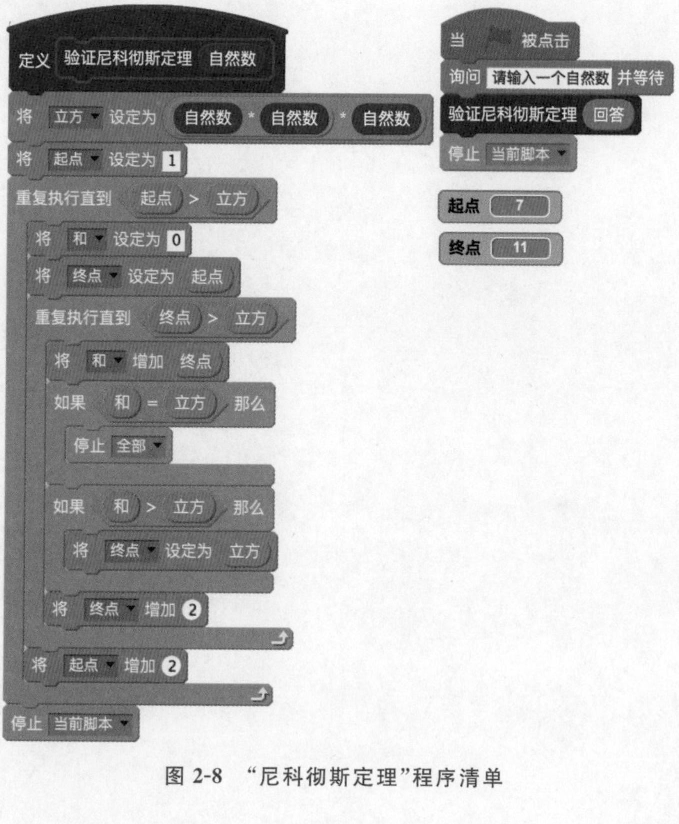

图 2-8 "尼科彻斯定理"程序清单

单击绿旗运行程序，输入一个自然数 3，程序执行后得到结果，起点和终点这两个变量的值分别为 7 和 11。也就是说，3 的立方等于 7 到 11 之间的 3 个连续奇数的和，即 27＝7＋9＋11。这说明尼科彻斯定理验证通过。

试一试

任意输入一些自然数，验证尼科彻斯定理是否成立。

第3章 趣味素数

<<<

素数是数学中一个重要的基本概念,我们从小学就开始接触它。素数的定义是,一个大于1的自然数,如果只能被1和它自身整除,就叫作素数。任何一个大于1的自然数都可以分解成几个素数连乘积的形式,而且这种分解是唯一的。可以说,素数是构成整个自然数大厦的砖瓦。

在两千多年前,古希腊数学家欧几里得在《几何原本》这本著名的数学著作中对素数进行了详细的讨论,并巧妙地证明了"素数是无穷多个"的,但没有找到无穷多个素数的分布规律。公元前250年,古希腊数学家厄拉多塞创造了著名的古典筛法来寻找素数。

在探索素数的征途中,费马、欧拉、狄里克雷、高斯、哥德巴赫、陈景润等数学家承前启后、乐此不疲地投入对素数的研究中,各种数学方法和理论被发展,素数定理、哥德巴赫猜想、黎曼假设、陈氏定理等不断地给数学界注入新鲜血液。随着技术进步和数学家不懈地探索,素数的神秘密码也被数学家一点点地破译,但是素数依然有着无穷的奥秘等着我们去发现。

本章将介绍寻找素数的方法和寻找一些有趣的素数,内容如下:
◇ 厄拉多塞筛法
◇ 哥德巴赫猜想
◇ 梅森素数
◇ 孪生素数
◇ 回文素数
◇ 可逆素数

3.1 厄拉多塞筛法

 问题描述

在两千多年前的古希腊,数学家厄拉多塞在写一本叫作《算术入门》的书。在写到"数的整除"部分时,他想:怎样才能找到一种最简单的、判断素数的方法呢?左思右想也没个结果,于是他就去郊外散步。他边走边思考,竟然走到了一家磨坊。磨坊的工人们正在忙碌着,有的搬运麦子,有的磨面,有的筛粉。厄拉多塞突然眼前一亮,是否可以用筛选的方法来挑选素数?把合数像筛粉一样筛掉,留下的肯定就是素数了。

厄拉多塞受此启发创造了这样一种与众不同的寻找素数的方法：先将 2~n 的各个自然数放入表中，然后在 2 的上面画一个圆圈，再划去 2 的其他倍数；第一个既未画圈又没有被划去的数是 3，将它画圈，再划去 3 的其他倍数；现在既未画圈又没有被划去的第一个数是 5，将它画圈，并划去 5 的其他倍数……以此类推，直到所有小于或等于 n 的各数都画了圈或被划去为止。这时，表中画了圈的以及未划去的那些数正好就是小于 n 的素数。这个简单而高效的寻找素数的方法被称作"厄拉多塞筛法"。请使用"厄拉多塞筛法"算法编写程序，找出自然数 1000 以内的所有素数。

 编程思路

寻找素数的厄拉多塞筛法易于理解，据此编写程序实现筛选 1000 以内的自然数中的所有素数。该程序由入口程序和厄拉多塞筛法、各数入表、删除合数等模块组成。

该程序的核心是"厄拉多塞筛法"模块。在该模块中，先调用"各数入表"模块把待筛选的自然数放入"素数表"列表中，接着调用"删除合数"模块，把素数表中的合数都删除。如果当前要操作的素数的平方大于要筛选的最大数时，就可以结束筛选过程，因为当前素数后面没有被删除的数都是素数。

 程序清单

程序清单见图 3-1 和图 3-2。

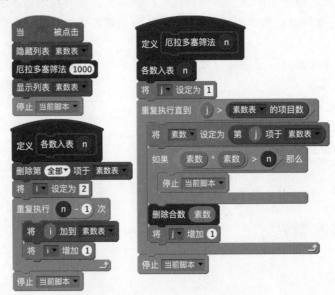

图 3-1 "厄拉多塞筛法"程序清单

其中，模块"删除合数"用于删除某个素数的其他倍数，即删除素数表中的部分合数。我们从列表"素数表"中删除某个素数的倍数时，由后往前删除，直至遇到该素数为止。该模块的代码见图 3-2。

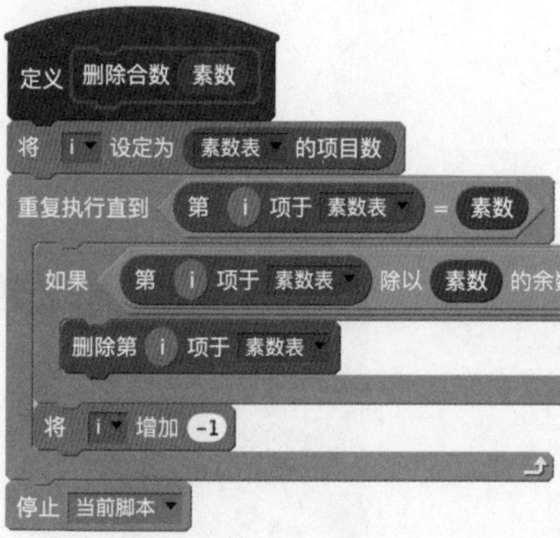

图 3-2 "删除合数"模块

单击绿旗运行程序,瞬间就能找出 2~1000 的素数。

试一试

通过修改"厄拉多塞筛法"模块的调用参数,寻找 1000~2000 的素数。

3.2 哥德巴赫猜想

问题描述

哥德巴赫猜想是指任何大于 2 的偶数都可以写成两个素数之和。例如,8＝3＋5,12＝5＋7,16＝3＋13,……这是德国数学家哥德巴赫在 1742 年提出的一个猜想,它被称为世界近代三大数学难题之一。

哥德巴赫自己无法证明这个猜想,曾写信请教赫赫有名的大数学家欧拉帮忙证明。但是终其一生,欧拉也没能给出严格的证明。哥德巴赫猜想被提出后吸引了全世界数学家和数学爱好者的目光,它被人们称为数学皇冠上一颗可望而不可即的"明珠"。时至今日,哥德巴赫猜想依然没有解决,目前最好的成果(陈氏定理)是 1966 年由中国数学家陈景润取得的。

请编写验证"哥德巴赫猜想"的程序,对"1000 以内大于 2 的正偶数都能分解为两个素数之和"进行验证。

编程思路

将一个偶数 n 分解为 j 和 $n-j$ 两部分,再判断如果 j 和 $n-j$ 都是素数,那么该偶数就验证通过。该程序的代码见图 3-3。

在该程序中,用到一个名为"是否素数"的模块(见图 3-4),它用于判断一个自然数是否为素数。在本章的其他程序中也用到这个判断素数的模块,将不再单独列出。

程序清单

程序清单见图 3-3 和图 3-4。

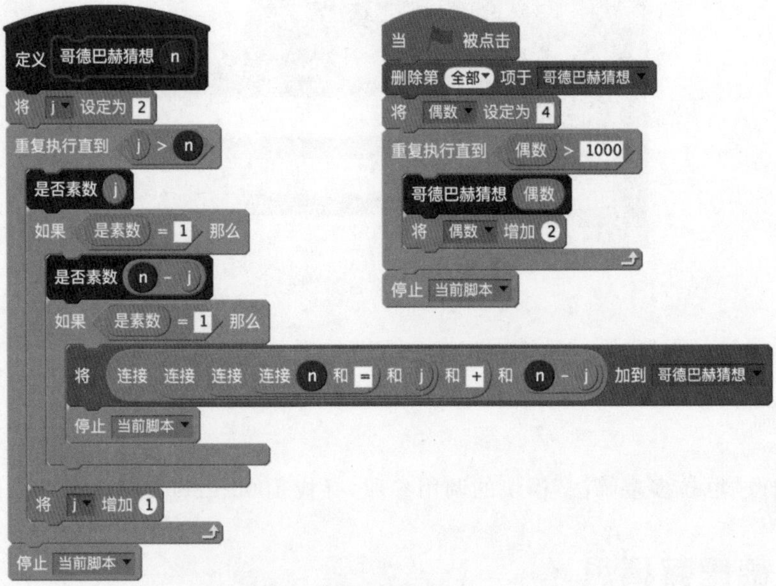

图 3-3 "哥德巴赫猜想"程序清单

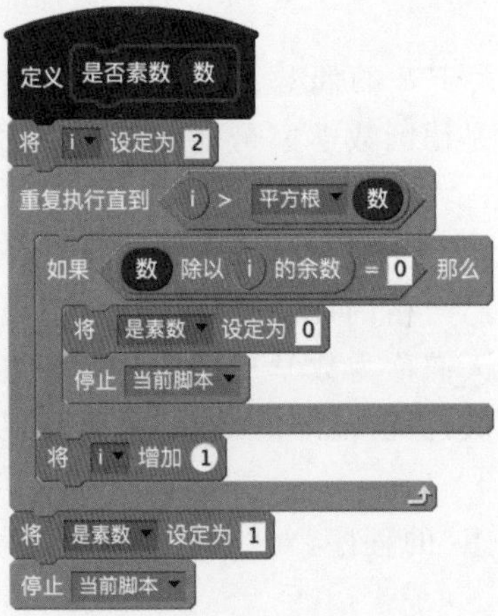

图 3-4 "是否素数"模块

单击绿旗运行程序，1000 以内通过验证的正偶数被记录到"哥德巴赫猜想"列表中。

✎ 试一试

一个正偶数可能会有多种分解方法，该程序中只记录其中一种分解方法。另外，该程序中判断素数的方法不是高效的，在数据量少时尚可使用。如果你对此有兴趣，可以尝试先建立一个素数表,再通过素数表来判断一个数是否为素数,这样效率更高。

请你试一试,使用上面的程序,继续验证 1000~10000 的正偶数是否符合"哥德巴赫猜想"。

3.3 梅森素数

 问题描述

马林·梅森是一位法国科学家,他为科学事业做了很多有益的工作,被选为"100 位在世界科学史上有重要地位的科学家"之一。

由于梅森是最早系统而深入地研究 2^p-1 型数的人,因而数学界就把这种数称为"梅森数",并以 M_p 记之(其中 M 为梅森姓名的首字母),即 $M_p=2^p-1$。如果梅森数为素数,则称之为"梅森素数"(即 2^p-1 型素数)。

已经证明了,如果 2^p-1 是素数,则幂指数必须是素数;然而,反过来并不对,当 p 是素数时,2^p-1 不一定是素数。

是否存在无穷多个梅森素数是数论中未解决的著名难题之一。目前仅发现 49 个梅森素数,最大的是 $2^{74207281}-1$(即 2 的 74207281 次方减 1),有 22338618 位数。由于这种素数珍奇而迷人,因此被人们誉为"数海明珠"。自梅森提出其断言后,人们发现的已知最大素数几乎都是梅森素数,因此寻找新的梅森素数的历程也就几乎等同于寻找新的最大素数的历程。请编写程序找出指数 p 在[2,20]中的梅森素数。

 编程思路

先以 $M_p=2^p-1$ 为模型求出梅森数,再判断该梅森数是否为素数。

 程序清单

程序清单见图 3-5。

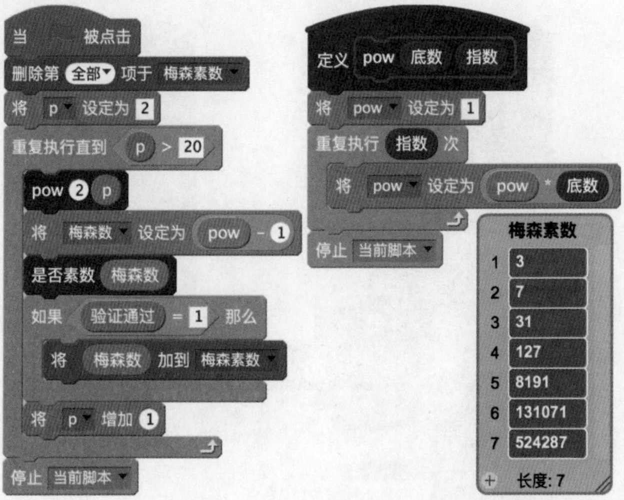

图 3-5 "梅森素数"程序清单

提示：由于该程序中需要用到指数运算，而 Scratch 中没有提供这种运算功能，所以需要封装一个名为 pow 的模块来实现指数运算功能。

单击绿旗运行程序，寻找到的梅森素数将记录到"梅森素数"列表中。

 **试一试**

编程找出指数 p 在 $[2,21]$ 中的梅森素数。

3.4 孪生素数

问题描述

孪生素数是指相差 2 的素数对，例如，3 和 5，5 和 7，11 和 13……

1849 年，法国数学家阿尔方·波利尼亚克提出了"波利尼亚克猜想"：对所有自然数 k，存在无穷多个素数对 $(p, p+2k)$。k 等于 1 时就是孪生素数猜想，而 k 等于其他自然数时就称为弱孪生素数猜想（即孪生素数猜想的弱化版）。因此，有人把波利尼亚克作为孪生素数猜想的提出者。

素数定理说明了素数在趋于无穷大时变得稀少的趋势。而孪生素数与素数一样，也有相同的趋势，并且这种趋势比素数更为明显。

请编写程序找出自然数在 100 以内的所有孪生素数。

编程思路

先判断一个自然数 n 是否为素数，再判断如果 $n+2$ 也是素数，那么自然数 n 和 $n+2$ 就是孪生素数。

程序清单

程序清单见图 3-6。

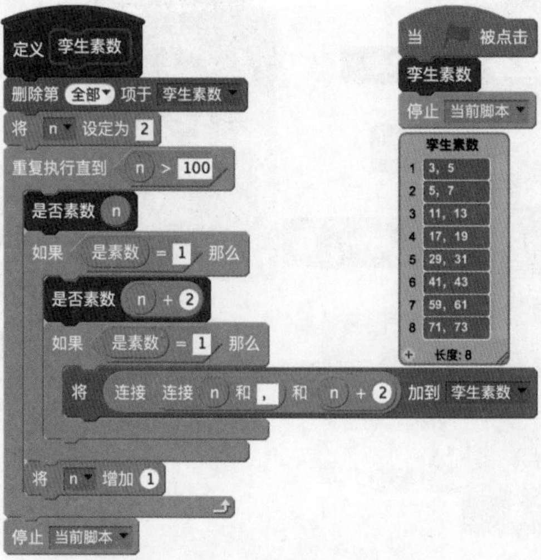

图 3-6 "孪生素数"程序清单

单击绿旗运行程序,在自然数 100 以内找到的 8 对孪生素数将记录在"孪生素数"列表中。

编写程序找出自然数在 100~1000 以内的所有孪生素数。

3.5 回文素数

回文素数是指对一个自然数 $n(n \geqslant 11)$ 从左向右和从右向左读,其结果值相同且是素数,即称 n 为回文素数。

请编写程序找出自然数 1000 以内的所有回文素数。

先判断一个自然数是否为回文数,再判断它是否为素数。如果两个判断都成立,则该自然数是回文素数。

程序清单

该程序清单见图 3-7。

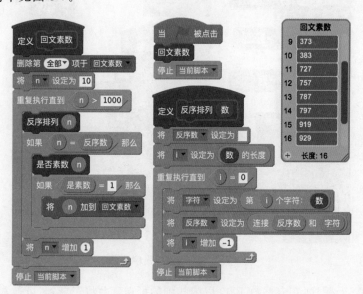

图 3-7 "回文素数"程序清单

单击绿旗运行程序,在自然数 1000 以内找到的回文素数将记录到"回文素数"列表中。

 试一试

编写程序找出自然数 1000～2000 以内的所有回文素数。

3.6 可逆素数

问题描述

可逆素数是指一个素数的各位数值顺序颠倒后得到的数仍为素数，如 113、311。
请编写一个程序，找出自然数 1000 以内的所有可逆素数。

编程思路

先判断一个自然数是否为素数，再将该素数颠倒顺序得到一个反序数，之后判断该反序数是否为素数。如果两个判断都成立，则该自然数是可逆素数。

程序清单

该程序清单见图 3-8。

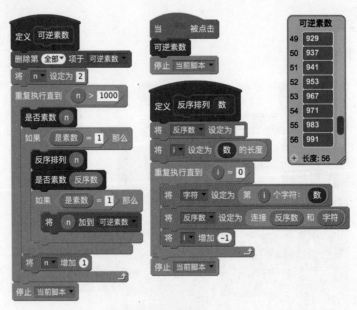

图 3-8 "可逆素数"程序清单

单击绿旗运行程序，在自然数 1000 以内找到的可逆素数将记录到"可逆素数"列表中。

试一试

编写程序找出自然数 1000～2000 以内的所有可逆素数。

第 4 章 最大公约数

<<<<

有两个自然数 a 和 b，如果 a 能被 b 整除，那么，b 就叫作 a 的约数。两个或多个自然数的共有约数中最大的一个，叫作它们的最大公约数，也称最大公因数、最大公因子。

求最大公约数是数学中的一个经典问题，通常有质因数分解法、短除法、辗转相除法、更相减损法和辗转相减法等经典算法以及适合大整数运算的 Stein 算法等。

在这些算法中，辗转相除法历史最为悠久，它最早出现在距今 2300 多年前的古希腊数学家欧几里得所著的《几何原本》一书中，所以又被称为欧几里得算法，它是目前仍然在使用的古老算法之一。

到了公元 1 世纪，我国古代数学专著《九章算术》中也出现了一种求解最大公约数的算法——更相减损法，也叫更相减损术。它原本是为约分而设计的，也可以用来求两个数的最大公约数。

到了 1961 年，J. Stein 对欧几里得算法进行了改进，提出了适合大整数运算的 Stein 算法。

本章将介绍一些求两个自然数的最大公约数的经典算法，内容如下：
◇ 辗转相除法
◇ 更相减损法
◇ 辗转相减法
◇ Stein 算法

4.1 辗转相除法

 问题描述

辗转相除法的算法步骤：对于给定的两个自然数 a 和 $b(a > b)$，用 a 除以 b 得到余数 c。若余数 c 不为 0，就将 b 和 c 构成新的一对数（即将 a 设定为 b，将 b 设定为 c），继续前面的除法，直到余数 c 为 0，这时 b 就是原来两个自然数的最大公约数。

因为这个算法需要反复进行除法运算，故被形象地命名为"辗转相除法"。

 编程思路

举例说明，使用辗转相除法求 1024 和 248 的最大公约数。具体步骤如下。

给定两个自然数：1024，248。

第一次：用 1024 除以 248，余 32。

第二次：用 248 除以 32，余 24。

第三次：用 32 除以 24，余 8。

第四次：用 24 除以 8，余 0。

这时就得到 1024 和 248 的最大公约数是 8。

 程序清单

根据辗转相除法的算法步骤编写程序，该程序清单见图 4-1。

图 4-1 "辗转相除法"程序清单

单击绿旗运行程序，求得 1024 和 248 的最大公约数是 8。

 **试一试**

任意输入两个自然数，验证上面的"辗转相除法"程序是否能正确求出两个自然数的最大公约数？

4.2 更相减损法

问题描述

《九章算术》中记载的"更相减损术"的内容是："可半者半之，不可半者，副置分母、子之数，以少减多，更相减损，求其等也。以等数约之。"即更相减损法的算法步骤如下：

（1）任意给定两个自然数，判断它们是否都是偶数。若是，则用 2 约简；若不是则执行第(2)步。

(2) 以较大的数减去较小的数,接着把所得的差与较小的数比较,并以大数减去小数。继续这个操作,直到所得的差和减数相等为止。

(3) 把第(1)步中约掉的若干个 2 乘以第(2)步中的等数得到的积就是所求的最大公约数。

这里所说的"等数",就是最大公约数,求等数的办法就是更相减损法,所以,更相减损法也叫等值算法。

 编程思路

举例说明,用更相减损法求 168 和 48 的最大公约数。具体步骤如下。

(1) 由于 168 和 48 均为偶数,首先用 2 约简得到 84 和 24,再用 2 约简得到 42 和 12,又用 2 约简得到 21 和 6。

(2) 此时 21 是奇数,而 6 是偶数,故把 21 和 6 以大数减小数,并辗转相减:$21-6=15$,$15-6=9$,$9-6=3$,$6-3=3$。

(3) 把第(1)步中约掉的 3 个 2 和"等数"3 相乘:$2×2×2×3=24$。

最后得到 168 与 48 的最大公约数是 24。

 程序清单

根据更相减损法的算法步骤编写程序,该程序清单见图 4-2。

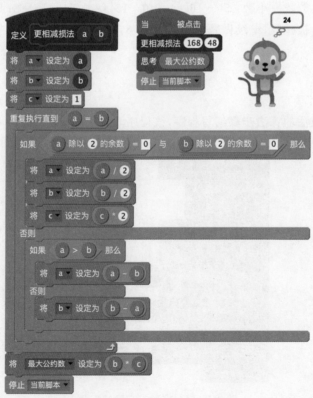

图 4-2 "更相减损法"程序清单

单击绿旗运行程序，求得 168 和 48 的最大公约数是 24。

任意输入两个自然数，验证上面的"更相减损法"程序是否能正确求出两个自然数的最大公约数。

4.3　辗转相减法

问题描述

如果去掉"更相减损法"中对两个正整数均为偶数时做的除法运算，只保留辗转相减的操作，也能求出两数的最大公约数。

这种方法叫辗转相减法，也叫作"尼考曼彻斯法"。具体来说就是，对两个整数用大数减去小数，并把所得差与减数比较，再用大数减去小数。不断重复这个操作，直到所得的差与减数相等为止。

编程思路

举例说明，用辗转相减法求两个自然数 56 和 16 的最大公约数。具体步骤如下。

先反复地用大数减去小数：$56-16=40,40-16=24$ ，$24-16=8$；此时 8 小于 16，交换两数，把 16 作为被减数，继续做减法：$16-8=8$，所得的差与减数相等，这样就得到两数的最大公约数是 8。

程序清单

根据辗转相减法的算法步骤编写程序，该程序清单见图 4-3。

图 4-3　"辗转相减法"程序清单

单击绿旗运行程序,求得 56 和 16 的最大公约数是 8。

任意输入两个自然数,验证上面的"辗转相减法"程序是否能正确求出两个自然数的最大公约数。

4.4 Stein 算法

Stein 算法是 J. Stein 1961 年提出的用于计算大整数的最大公约数的算法。它是针对欧几里得算法在对大整数进行运算时需要试商导致增加运算时间的缺陷而提出的改进算法。

更相减损法和 Stein 算法有些类似。在更相减损法的基础上稍作修改,就得到了 Stein 算法。该算法步骤如下:

(1) 任意给定两个自然数,判断它们是否都是偶数。若是,则用 2 约简;若不是则执行第(2)步。

(2) 如果两数为一奇一偶时,就把偶数除以 2;如果两数都是奇数,就把较大的数减去较小的数。然后把所得的差与较小的数重复进行第(2)步操作,直到两数相等。

(3) 把第(1)步中约掉的若干个 2 乘以第(2)步中的等数得到的积就是所求的最大公约数。

举例说明,用 Stein 算法求 8848 和 168 的最大公约数。具体步骤如下。

(1) 由于 8848 和 168 均为偶数,首先用 2 约简得到 4424 和 84,再用 2 约简得到 2212 和 42,又用 2 约简得到 1106 和 21。

(2) 此时 1106 是偶数,21 是奇数,就把偶数 1106 除以 2 得到 553。

(3) 此时 553 和 21 都是奇数,就用大数减小数:$553-21=532$。

(4) 此时 532 是偶数,21 是奇数,就把偶数除以 2:$532\div2=266,266\div2=133$。

(5) 此时 133 和 21 都是奇数,就用大数减小数:$133-21=112$。

(6) 此时 112 是偶数,21 是奇数,就把偶数除以 2:$112\div2=56,56\div2=28,28\div2=14,14\div2=7$。

(7) 此时 7 和 21 都是奇数,就用大数减小数:$21-7=14$。

(8) 此时 7 是奇数,14 是偶数,就把偶数 14 除以 2 得到 7,到此两数相等。

(9) 把第(1)步中约掉的 3 个 2 和"等数"7 相乘:$2\times2\times2\times7=56$。

这样就得到 8848 和 168 的最大公约数是 56。

程序清单

根据上述算法步骤编写程序,该程序的清单见图 4-4。

图 4-4 "Stein 算法"程序清单

单击绿旗运行程序,得到 8848 和 168 的最大公约数是 56。

试一试

任意输入两个自然数,验证上面的 Stein 算法程序是否能求出两个自然数的最大公约数。

第 5 章 圆 周 率

<<<

公元前 3 世纪,古希腊数学家阿基米德是第一个用科学方法计算圆周率 π 值的人。263 年,我国魏晋时期的数学家刘徽使用"割圆术"计算得到圆周率 π 值为 3.1416。480 年左右,我国南北朝时期的数学家祖冲之进一步计算出精确到小数点后 7 位的 π 值。直到 15 世纪初,由阿拉伯数学家卡西打破了祖冲之保持近千年的纪录,求得圆周率 17 位精确小数值。再后来德国数学家鲁道夫穷尽毕生精力将圆周率计算到 35 位小数值。

随着现代数学的兴起,数学家开始利用无穷级数或无穷连乘积求圆周率。1706 年,英国数学家梅钦(John Machin)计算 π 值突破 100 位小数。1948 年,英国的弗格森(D. F. Ferguson)和美国的伦奇共同发表了 π 的 808 位小数值,成为人工计算圆周率值的最高纪录。

1949 年,随着世界上第一台计算机诞生,圆周率的计算进入了新的时代。目前通过计算机程序求得的圆周率已经达到 5 万亿位的精度。今天人们计算圆周率多是用于测试计算机的性能,或者是数学爱好者的兴趣所致。

本章将带领读者追寻先贤数学家的足迹,踏上计算圆周率的趣味之旅,内容如下:
◇ 割圆术之周长法
◇ 割圆术之面积法
◇ 莱布尼茨级数
◇ 尼拉坎特哈级数
◇ BBP 公式
◇ 蒙特卡罗方法

5.1 割圆术之周长法

 问题描述

大约两千多年前的西汉时期,在我国最古老的数学著作《周髀算经》里出现了"周三径一"的记载,意思是说,圆的周长大约是直径的 3 倍。

到了公元 263 年,魏晋时期的数学家刘徽在整理《九章算术》时发现,所谓"周三径一",实质上是把圆的内接正六边形的周长作为圆的周长的结果。于是他想到:如果用圆

的内接正十二边形、正二十四边形、正四十八边形、正九十六边形或更多边形的周长作为圆的周长，岂不是更加精确？这就是流传很广的"割圆术"。

运用"割圆术"的思想，可以用周长法或面积法计算圆周率。

所谓"周长法"，就是把圆等分，求正多边形的周长，分的份数越多，正多边形的周长就越接近圆的周长。

请编写程序，使用"周长法"计算圆周率的近似值。

 编程思路

使用周长法计算圆周率的过程：把一个圆等分为 n 份得到一个正 n 边形，那么圆心角 θ 对应的弦长就等于正 n 边形的边长 d；而多边形的周长则等于 n 乘以边长的积；最后再用圆的周长公式计算圆周率，如图 5-1 所示。

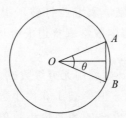

图 5-1　割圆术示意图

使用周长法计算圆周率需要用到以下几个公式。

圆心角：
$$\theta = \frac{360°}{n}$$

弦长：
$$D_{AB} = 2 \cdot r \cdot \sin\frac{\theta}{2}$$

正 n 边形周长：
$$C = n \cdot D_{AB}$$

圆周率：
$$\pi = \frac{C}{2r}$$

将上述公式合并，得到圆周率：

$$\pi = \frac{n \cdot 2 \cdot r \cdot \sin\frac{360°}{n \cdot 2}}{2 \cdot r}$$

再约简，得到圆周率：

$$\pi = n \cdot \sin\frac{180°}{n}$$

根据最后推导出的这个公式，只要不断增加 n 值，就能计算出越来越精确的圆周率 π 值。由此，编写使用周长法计算圆周率的程序。

程序清单

该程序清单见图 5-2。

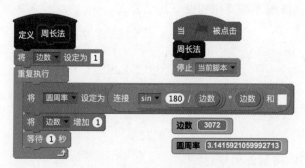

图 5-2 "周长法"割圆术程序清单

单击绿旗运行程序,可以看到随着"边数"的不断增加,圆周率 π 值越来越精确。

在上面代码中,使用了一个"等待 1 秒"指令,这是为了放慢程序执行速度,以便能更好地观察圆周率 π 值的变化过程。

  当"边数"增大到 192 时,我们看到圆周率的精度已经达到刘徽用"割圆术"内接正 192 边形时计算得到的圆周率近似值 π≈3.14。

  当"边数"增大到 3072 时,圆周率精确到 3.1415～3.1416。这正是刘徽手工计算圆内接正 3072 边形时所达到的精度。

  随着"边数"越来越大,圆周率也越来越精确。用刘徽自己的话说就是:"割之弥细,所失弥少,割之又割,以至于不可割,则与圆周合体而无所失矣。"

试一试

使用圆周率公式: $\pi = n \cdot \sin \dfrac{180°}{n}$,并给定一个很大的 n 值,就可以直接计算出圆周率的近似值。请你试一试!

5.2 割圆术之面积法

问题描述

与使用"周长法"计算圆周率类似,还可以使用"面积法"。

所谓"面积法",就是把圆等分,求正多边形的面积,分的份数越多,正多边形的面积就越接近圆的面积。

请编写程序,使用"面积法"计算圆周率的近似值。

编程思路

使用面积法计算圆周率的过程:把一个圆等分为 n 份得到一个正 n 边形,那么圆心

角 θ 对应的弦长就等于正 n 边形的边长 d。而圆心角 θ 的两条边（圆的半径 r）与弦长（边长 d）构成一个三角形 $\triangle AOB$，所以正 n 边形的面积就等于 n 个三角形的面积之和；最后再用圆的面积公式计算圆周率，如图 5-1 所示。

使用面积法计算圆周率需要用到以下几个公式。

圆心角：
$$\theta = \frac{360°}{n}$$

三角形面积：
$$S_{\triangle AOB} = \frac{r \cdot r \cdot \sin\theta}{2}$$

正 n 边形面积：
$$S = S_{\triangle AOB} \cdot n$$

圆周率：
$$\pi = \frac{S}{r \cdot r}$$

将上述公式合并，得到圆周率：
$$\pi = \frac{\dfrac{r \cdot r \cdot \sin\dfrac{360°}{n}}{2} \cdot n}{r \cdot r}$$

再约简，得到圆周率：
$$\pi = \frac{\left(\sin\dfrac{360°}{n}\right) \cdot n}{2}$$

根据最后推导出的这个公式，只要不断增加 n 值，就能计算出越来越精确的圆周率 π 值。由此，编写使用面积法计算圆周率的程序。

程序清单

该程序的清单见图 5-3。

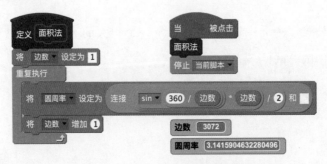

图 5-3　"面积法"割圆术程序清单

单击绿旗运行程序，可以看到随着"边数"的不断增加，圆周率 π 值越来越精确。

试一试

修改"周长法"和"面积法"计算圆周率近似值的程序，将两个程序中的边数都设置为 10000，然后比较两个程序的计算结果，哪个精度更高？

5.3 莱布尼茨级数

 问题描述

除了使用"割圆术"计算圆周率之外,数学家发现了若干个数学级数,如果进行无穷多次运算,就能精确计算出 π 小数点后面的多位数字。有的无穷级数非常复杂,需要超级计算机才能运算处理;而有的则比较简单,如莱布尼茨级数和尼拉坎特哈级数。

莱布尼茨级数又被称为格雷戈里·莱布尼茨级数,用以纪念与莱布尼茨同时代的天文学家兼数学家詹姆斯·格雷戈里。

格雷戈里·莱布尼茨级数的结构非常简单,但是它的计算非常耗费时间,每一次迭代的结果都会缓慢地接近 π 的精确值。该级数的展开公式如下:

$$\pi = \frac{4}{1} - \frac{4}{3} + \frac{4}{5} - \frac{4}{7} + \frac{4}{9} - \frac{4}{11} + \frac{4}{13} - \frac{4}{15} + \cdots$$

该公式的计算是依次交替进行减法和加法运算,参与运算的分数由分子为 4、分母为连续的奇数构成。这个级数的收敛非常慢,需要进行非常多次的计算,才能使结果接近 π。

请编写程序,使用莱布尼茨级数计算圆周率的近似值。

 编程思路

根据莱布尼茨级数的展开公式,编写程序计算圆周率的近似值。

该程序的编程思路:在一个"重复执行"型无条件循环指令内,使变量 n 从 1 开始每次递增 2,再使用一个"运算符"变量,使它在 1 和 −1 间轮流变换,然后使用算式"运算符 * (4/n)"计算出每个分式的值,并累加到"结果"变量中。这个"结果"变量的值就是圆周率的近似值。

 程序清单

使用莱布尼茨级数计算圆周率近似值的程序清单见图 5-4。

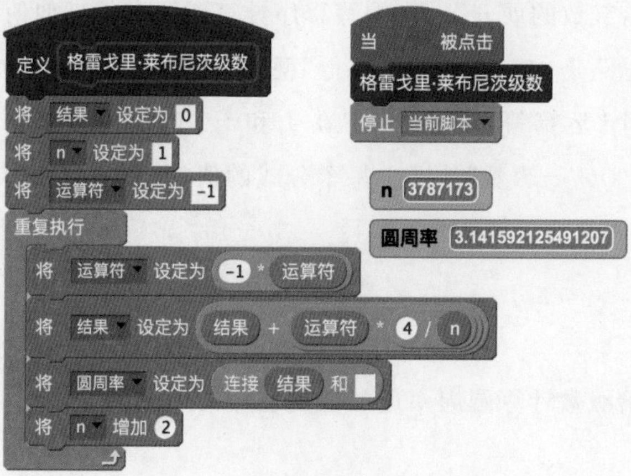

图 5-4 "莱布尼茨级数"程序清单

运行该模块,经过300多万次迭代,才使圆周率π值精确到6位小数。

使用上述程序计算圆周率近似值要达到7位小数的精度,需要迭代多少次?

5.4 尼拉坎特哈级数

问题描述

尼拉坎特哈级数是印度数学家尼拉坎特哈发现的一个可用于计算π的无穷级数。虽然它的结构比莱布尼茨公式复杂一些,但是它的收敛速度快,能够比莱布尼茨公式更快地接近π。该级数的展开公式如下:

$$\pi = 3 + \frac{4}{2 \times 3 \times 4} - \frac{4}{4 \times 5 \times 6} + \frac{4}{6 \times 7 \times 8}$$

$$- \frac{4}{8 \times 9 \times 10} + \frac{4}{10 \times 11 \times 12}$$

$$- \frac{4}{12 \times 13 \times 14} + \cdots$$

该公式的计算从3开始,依次交替进行加法和减法运算,参与运算的分数由分子为4、分母为三个连续整数乘积构成。在每次迭代时,三个连续整数中的最小整数是上次迭代时三个整数中的最大整数。这个级数的收敛比较快,反复计算若干次,结果就与π非常接近。

请编写程序,使用尼拉坎特哈级数计算圆周率的近似值。

编程思路

根据尼拉坎特哈级数的展开公式,编写程序计算圆周率的近似值。

该程序的编程思路是,在一个"重复执行"型无条件循环指令内,使变量 n 从2开始每次递增2,再使用一个"运算符"变量,使它在1和-1间轮流变换,然后使用算式"运算符 $* (4/[n*(n+1)*(n+2)])$"计算出每个分式的值,并累加到"结果"变量中。这个"结果"变量的值就是圆周率的近似值。

程序清单

使用尼拉坎特哈级数计算圆周率近似值的程序清单见图5-5。

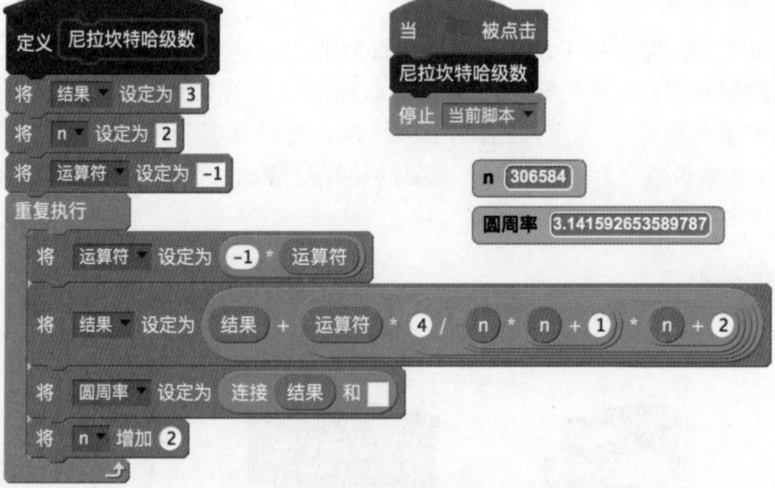

图 5-5 "尼拉坎特哈级数"程序清单

运行该模块,经过大约 15000 次迭代,就能使圆周率 π 值精确到 13 位小数。

试一试

修改使用莱布尼茨级数和尼拉坎特哈级数计算圆周率的程序,把两个程序中的无条件循环指令修改为"重复执行……次"型次数循环指令,然后比较两个程序在循环 10 万次后得到的计算结果的误差情况。

5.5 BBP 公式

问题描述

BBP 公式全称为贝利-波尔温-普劳夫公式(Bailey-Borwein-Plouffe formula),由 David Bailey、Peter Borwein 和 Simon Plouffe 于 1995 年共同发表,以三位发表者的名字命名。该公式如下:

$$\pi = \sum_{i=0}^{\infty} \frac{1}{16^i} \left(\frac{4}{8i+1} - \frac{2}{8i+4} - \frac{1}{8i+5} - \frac{1}{8i+6} \right)$$

传统圆周率计算必须计算前 n 位,这需要巨大的空间消耗,而 BBP 公式能直接从指定位置开始计算,不需要巨大的内存和计算能力。

该公式打破了传统圆周率的算法,可以计算圆周率的任意第 n 位,而不需计算前面的 $n-1$ 位。这为圆周率的分布式计算提供了可行性。

请编写程序,使用 BBP 公式计算圆周率的近似值。

编程思路

根据 BBP 公式，编写程序计算圆周率的近似值。

该程序的编程思路：首先输入一个整数 n，然后从 0 开始到 n 对多项式进行求和；每次计算的结果累加到变量 pi 中；最后使用"说"指令将计算得到的圆周率近似值 pi 输出。由于 Scratch 缺少指数运算，我们将 16^i 部分的计算封装成一个 cf 模块。BBP 公式中括号内的部分则单独计算，结果存放在变量 t 中。

 程序清单

使用 BBP 公式计算圆周率近似值的程序清单见图 5-6。

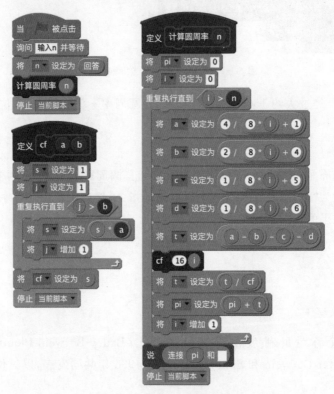

图 5-6　"BBP 公式"程序清单

单击绿旗运行程序，输入一个整数 n，瞬间就能计算出圆周率 π 值。

试一试

运行上述程序，从 1～10 分别作为输入参数，然后观察计算得到的圆周率近似值的变化情况。

5.6 蒙特卡罗方法

问题描述

蒙特卡罗方法又称统计模拟法,是一种随机模拟方法。它以概率和统计理论方法为基础,使用随机数(或更常见的伪随机数)来解决许多计算问题。

20世纪40年代,参与了美国在第二次世界大战中研制原子弹的"曼哈顿计划"的乌拉姆和冯·诺伊曼提出蒙特卡罗方法。数学家冯·诺伊曼用驰名世界的赌城——摩纳哥的"蒙特卡罗"命名该方法,为其蒙上了一层神秘色彩。实际上,在此之前,蒙特卡罗方法就已经存在了。1777年,法国布丰提出用投针实验的方法求圆周率 π,这被认为是蒙特卡罗方法的起源。

请运用蒙特卡罗方法,以随机投点的方式计算圆周率的近似值。

编程思路

图5-7中,在正方形内部随机产生10000个点,即10000个坐标对(x, y),并计算它们与中心点的距离,从而判断是否落在圆的内部。

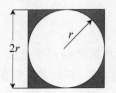
$$\frac{\text{圆形面积}}{\text{正方形面积}} = \frac{\pi r^2}{(2r)^2} = \frac{\pi}{4}$$

图5-7 随机投点示意图

计算两点间距离公式为

$$|AB| = \sqrt{(x_1 - x_2)^2 + (y_1 - y_2)^2}$$

取目标点(x_2, y_2)为$(0, 0)$,所以公式简化为

$$|AB| = \sqrt{x_1^2 + y_1^2}$$

如果这些随机产生的点均匀分布,那么圆内的点应该占到所有点的 $\pi/4$,因此将这个比值乘以4,就是 π 的值。

程序清单

根据上述介绍的算法,编写程序计算圆周率,程序清单见图5-8。

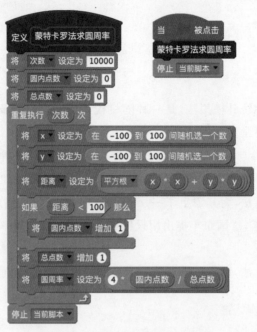

图 5-8　"蒙特卡罗方法"程序清单

单击绿旗运行程序,计算得到的圆周率近似值将存放在变量"圆周率"中。

试一试

采用蒙特卡罗方法计算圆周率的近似值,其精度是相当低的,没有实用价值,但是它为人们提供了一种使用概率思想来求圆周率的方法,开阔了人们的思路。

运行上述程序 5 次,并记录计算结果,观察它的误差情况。

第6章 曲线之美

<<<<

在数学的世界中,有许多美丽的曲线图形是由简单的函数关系生成的。可以利用参数方程绘制出曲线图形,通过参数的周期性变化,就能给看似平淡无奇的数学公式披上精彩纷呈的美丽衣裳。这些曲线有螺旋线、摆线、双纽线、蔓叶线、心脏线、渐开线、玫瑰曲线、蝴蝶曲线……

在过去,一般人很难领略到这些数学之美;而今天,借助于 Scratch 或其他计算机软件,可以很方便地画出各种优美的曲线。曲线方程是高中及以上阶段的学习内容,本章不作具体数学知识的讲解,只是带领读者使用 Scratch 绘制一些数学曲线,感受数学之美。对于每种曲线,本章都给出了参数方程以及参数、常数的说明,读者根据这些参数方程就可以使用 Scratch 的画笔绘制曲线图案。

本章将带领读者探索数学公式的秘密、绘制优美的数学曲线,内容如下:

◇ 笛卡儿心形曲线
◇ 桃心形曲线
◇ 玫瑰曲线
◇ 蝴蝶曲线
◇ 外摆线
◇ 自定义外摆线

6.1 笛卡儿心形曲线

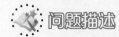 问题描述

笛卡儿心形曲线是一个圆上的固定一点在绕着与它相切且半径相同的另外一个圆作圆周滚动时所产生的轨迹,因其形状像心形而得名。在心形线的背后,还有一个浪漫的故事。

据说法国数学家笛卡儿与瑞典一个小公国的公主克里斯蒂娜在街头邂逅并相爱,但是却遭到瑞典国王的反对并被驱逐回法国,而公主也被软禁宫中。笛卡儿希望通过书信与公主取得联系,但是寄出的信都遭到了国王的拦截。只有一封无人能懂的信通过了检查,传到了公主的手中。这封信中除了一个方程:$r = a(1 - \sin\theta)$,其他什么都没有。公主看到这封信,在纸上绘制出了这个方程的图形,明白了这是笛卡儿的“一颗心”。

这个流传很广的浪漫故事实际上是后人杜撰的，可能是笛卡儿在数学方面取得的非凡成就，人们才把这个浪漫的故事安排到他的身上。

笛卡儿心形线 $r=a(1-\sin\theta)$ 是一个极坐标方程式，需要把它转换为参数方程，然后才能在 Scratch 中使用画笔把它画出来。把这个心形线的极坐标方程用参数方程表示为

$$\begin{cases} x = \cos t \cdot a(1-\sin t) \\ y = \sin t \cdot a(1-\sin t) \end{cases}$$

在上面的参数方程中，a 是一个常量，用来控制图形的大小；参数 t 为角度，取值为 $0 \sim 360°$。

 编程思路

根据笛卡儿心形线的参数方程，编程画出它的曲线图形。

该程序的编程思路：在一个"重复执行直到……"型循环指令内，使变量 t 由 0 开始不断增加，并通过心形曲线参数方程求得 x 和 y 的值，然后使用画笔在舞台上画出各个点，最终得到一个心形曲线图形。

 程序清单

绘制心形曲线的程序清单见图 6-1。

图 6-1 "笛卡儿心形曲线"程序清单

单击绿旗运行程序，在舞台上将画出图 6-2 中的第一个图形——红色的心形曲线。

试一试

下面是笛卡儿心形线不同朝向的参数方程和图形（见图 6-2）。请你试一试，画出它们的曲线图形。

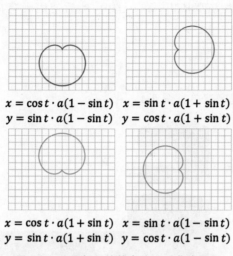

$x = \cos t \cdot a(1 - \sin t)$
$y = \sin t \cdot a(1 - \sin t)$　　$x = \sin t \cdot a(1 + \sin t)$
$y = \cos t \cdot a(1 + \sin t)$

$x = \cos t \cdot a(1 + \sin t)$
$y = \sin t \cdot a(1 + \sin t)$　　$x = \sin t \cdot a(1 - \sin t)$
$y = \cos t \cdot a(1 - \sin t)$

图 6-2　不同朝向的笛卡儿心形曲线图形

6.2　桃心形曲线

问题描述

图 6-3 是一幅桃心形曲线的图片，这比图 6-2 介绍的笛卡儿心形曲线更像我们平常见到的爱心。

图 6-3　桃心形曲线图形

桃心形曲线的参数方程为

$$\begin{cases} x = a[15(\sin t)^3] \\ y = a(15\cos t - 5\cos 2t - 2\cos 3t - \cos 4t) \end{cases}$$

其中，a 是一个常量，用来控制图形的大小；t 表示角度，取值为 0～360°。

编程思路

根据桃心形的参数方程，编程画出它的曲线图形。

该程序的编程思路：在一个"重复执行直到……"型循环指令内，使变量 t 由 0 开始不断增加,并通过桃心形参数方程求得 x 和 y 的值,然后使用画笔在舞台上画出各个点,最终得到一个桃心形的曲线图形。

 程序清单

绘制桃心形曲线的程序清单见图6-4。

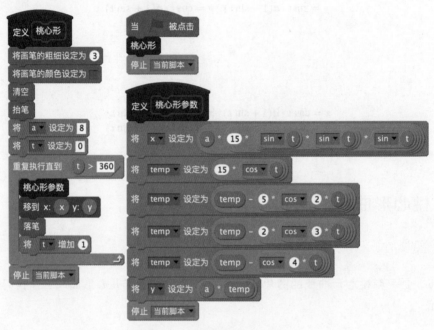

图6-4 "桃心形曲线"程序清单

注意:为缩小排版宽度,上面代码中将参数 y 的计算公式作了多次赋值处理。

单击绿旗运行程序,在舞台上将画出一个如图6-3所示的红色的桃心形曲线。

 试一试

如果将上述程序中"移到 x,y"指令的两个参数 x 和 y 的位置调换一下,将画出什么样的图形呢?

6.3 玫瑰曲线

问题描述

玫瑰曲线 $\rho = a \cdot \sin n\theta$ 是数学曲线中非常著名的一种曲线,它看上去就像美丽的花瓣。玫瑰曲线可以使用参数方程描述如下:

$$\begin{cases} x = \cos t \cdot a(\sin nt) \\ y = \sin t \cdot a(\sin nt) \end{cases}$$

其中，a 是一个常量，用来控制图形的大小；参数 t 为角度；参数 n 用来控制花瓣的数量。

接下来，简单介绍玫瑰曲线的一些特性。

在玫瑰线方程中，当 n 为整数或非整数时，玫瑰曲线将会产生不同的变化。

（1）在 n 为整数的情况下，当 n 为奇数时，玫瑰曲线将有 n 个花瓣，t 取值为 0～180°；当 n 为偶数时，玫瑰曲线将有 $2n$ 个花瓣，t 取值为 0～360°。效果见图 6-5。

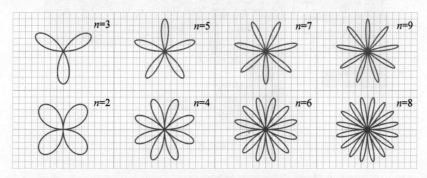

图 6-5 当 n 为整数时的玫瑰曲线图形

（2）在 n 为非整数的情况下，玫瑰曲线又表现出其他特性，同时外形也会发生变化。参数 n 和花瓣数、闭合周期之间的关系为 $n=\dfrac{l}{w}$。其中，l 控制花瓣数，w 控制闭合周期，n 为非整数的有理数。效果见图 6-6。

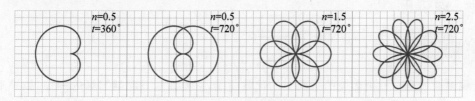

图 6-6 当 n 为非整数时的玫瑰曲线图形

例如，$n=1.5$ 时，则 $l=3$，$w=2$。那么，花瓣数是参数 l 的 2 倍，为 6，闭合周期是 w 乘以 360°，为 720°，即参数方程中 t 取值 0～720°。

编程思路

根据玫瑰曲线的参数方程，编程画出它的曲线图形。

该程序的编程思路：在一个"重复执行直到……"型循环指令内，使变量 t 由 0 开始不断增加，并通过玫瑰曲线的参数方程求得 x 和 y 的值，然后使用画笔在舞台上画出各个点，最终得到一个玫瑰曲线图形。

程序清单

绘制玫瑰曲线的程序清单见图 6-7。

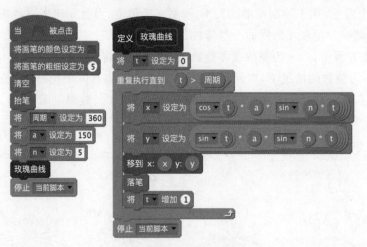

图 6-7 "玫瑰曲线"程序清单

单击绿旗运行程序,在舞台上将画出如图 6-5 所示的一个五叶玫瑰曲线。

试一试

把上述程序中变量 n 的值改为 0.5,将会画出一个什么形状的曲线?

6.4 蝴蝶曲线

问题描述

蝴蝶曲线是一种很优美的平面上的代数曲线,它宛如一只翩翩起舞的蝴蝶,如果不是出现在这里或者讨论数学的地方,可能不会有人把它与数学联系起来。自然界的很多现象可以用代数曲线和超越曲线来表达,蝴蝶曲线就是一种。

蝴蝶曲线于 1989 年由美国南密西西比大学坎普尔·费伊(Temple H. Fay)发现,它的极坐标方程为

$$\rho = e^{\cos\theta} - 2\cos4\theta + \left(\sin\frac{\theta}{12}\right)^5$$

将蝴蝶曲线使用参数方程描述为

$$\begin{cases} x = a \cdot \sin t \cdot \left[e^{\cos t} - 2\cos4t + \left(\sin\frac{t}{12}\right)^5\right] \\ y = b \cdot \cos t \cdot \left[e^{\cos t} - 2\cos4t + \left(\sin\frac{t}{12}\right)^5\right] \end{cases}$$

其中,参数 a 控制图形的宽度;参数 b 控制图形的高度;参数 t 为角度。

编程思路

根据蝴蝶曲线的参数方程,编程画出它的曲线图形。

该程序的编程思路：在一个"重复执行直到……"型循环指令内，使变量 t 由 0 开始不断增加，并通过蝴蝶曲线的参数方程求得 x 和 y 的值，然后使用画笔在舞台上画出各个点，最终得到一个蝴蝶曲线图形。

 程序清单

绘制蝴蝶曲线的程序清单见图 6-8。

图 6-8 "蝴蝶曲线"程序清单

上面程序中的变量"周期"控制着蝴蝶的外观，当周期为 1 时，可以绘制出基本的蝴蝶图案；当周期为 12 时，就可以绘制出一个形象的蝴蝶图案，效果见图 6-9。

图 6-9 基本蝴蝶图案

 试一试

如果在绘制蝴蝶曲线时，每个周期使用不同的颜色或画笔的大小，就可以绘制出色彩斑斓的蝴蝶图案,效果见图6-10。

图 6-10　彩色蝴蝶图案

以上美丽的蝴蝶,是不是让你心动了,赶快试试吧!

6.5　外摆线

 问题描述

外摆线又称圆外旋轮线,是数学中众多的迷人曲线之一。

外摆线的定义：当半径为 b 的动圆沿着半径为 a 的定圆的外侧做圆周运动时,动圆圆周上的一点 p 所描绘的点的轨迹。

在以定圆中心为原点的直角坐标系中,外摆线的参数方程可以描述为

$$
\begin{cases}
x = (a+b) \cdot \cos t - b \cdot \cos \dfrac{(a+b) \cdot t}{b} \\
y = (a+b) \cdot \sin t - b \cdot \sin \dfrac{(a+b) \cdot t}{b}
\end{cases}
$$

其中,参数 a 为定圆的半径;参数 b 为动圆的半径;参数 t 为角度。

下面简单介绍外摆线一些不同特性的曲线图形,效果见图6-11。

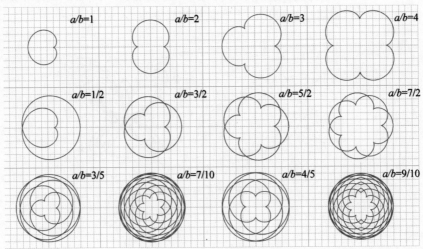

图 6-11　不同特性的外摆线图形

当 $a=b$ 时,即两个圆的半径相等时,得到的是心形线;当 $a=1,b>1$ 时,得到的是螺旋线;当 a/b 是整数或非整数时,则会呈现丰富多样的图形。

 编程思路

根据外摆线参数方程编程绘制其曲线图形。

该程序的编程思路:在一个"重复执行直到⋯⋯"型循环指令内,使变量 t 由 0 开始不断增加,并通过外摆线的参数方程求得 x 和 y 的值,然后使用画笔在舞台上画出各个点,最终得到一个外摆线图形。

 程序清单

绘制外摆线的程序清单见图 6-12。

图 6-12　"外摆线"程序清单

单击绿旗运行程序,在舞台上将画出如图 6-11 所示的 $a/b=7/10$ 的外摆线图形。

试一试

请参照图 6-11,把上述程序中的变量 a 和 b 修改为不同比值的数,就可以画出不同形状的外摆线图形。赶快试试吧!

6.6 自定义外摆线

问题描述

通过重新定义外摆线的参数方程，然后设置不同的参数，可以得到更多令人惊叹的美丽曲线图形。

以下是我们重新定义的外摆线的参数方程：

$$\begin{cases} x = (a+b) \cdot \cos t - b \cdot \cos[(a+b) \cdot t \cdot b] \\ y = (a+b) \cdot \sin t - b \cdot \sin[(a+b) \cdot t \cdot b] \end{cases}$$

其中，参数 a 为定圆的半径；参数 b 为动圆的半径；参数 t 为角度。

下面简单地介绍一些美丽的自定义外摆线图形。

通过调整 a 和 b 的比值、a、周期 w 三个参数，可以绘制出图 6-13 中的极富美感的曲线图形。

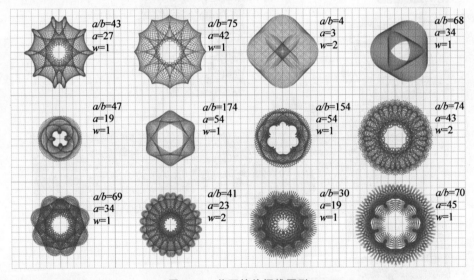

图 6-13　美丽的外摆线图形

编程思路

根据重新定义的外摆线参数方程，编程画出它的曲线图形。

该程序的编程思路：在一个"重复执行直到……"型循环指令内，使变量 t 由 0 开始不断增加，并通过自定义外摆线的参数方程求得 x 和 y 的值，然后使用画笔在舞台上画出各个点，最终得到一个美丽的自定义外摆线图形。

程序清单

绘制自定义外摆线的程序清单见图 6-14。

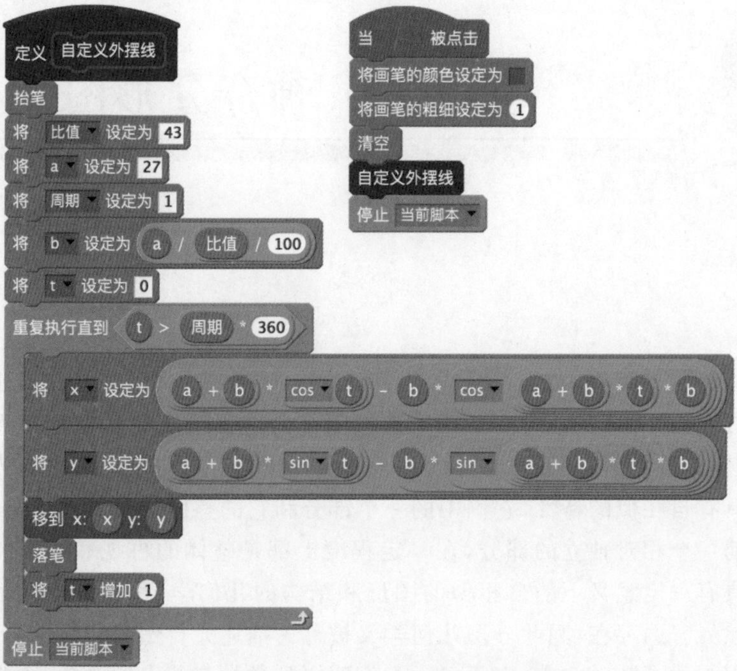

```
定义  自定义外摆线

抬笔
将  比值 ▼ 设定为  43
将  a ▼ 设定为  27
将  周期 ▼ 设定为  1
将  b ▼ 设定为 ( a / 比值 / 100 )
将  t ▼ 设定为  0
重复执行直到 ( t > 周期 * 360 )
    将 x ▼ 设定为 ( a + b * cos ▼ t - b * cos ▼ ( a + b * t ▼ b ) )
    将 y ▼ 设定为 ( a + b * sin ▼ t - b * sin ▼ ( a + b * t ▼ b ) )
    移到 x: x  y: y
    落笔
    将 t ▼ 增加 1
停止 当前脚本 ▼
```

```
当  被点击
将画笔的颜色设定为
将画笔的粗细设定为 1
清空
自定义外摆线
停止 当前脚本 ▼
```

图 6-14　"自定义外摆线"程序清单

单击绿旗运行程序,在舞台上将画出如图 6-13 所示的第一个自定义外摆线图形。

试一试

请参照图 6-13,把上述程序中的三个变量:比值、a、周期分别修改不同的数值,就可以画出不同形状的美丽的自定义外摆线图形。赶快试试吧!

第 7 章　神奇分形图

　　宇宙间万物极其复杂,而其构成却是简单的细胞、原子、分子等极其微小的事物。在数学中,一条线段、一个三角形、一个四边形或一个六边形等这些看似简单无比的几何图形,按一定规则重复之后,却能产生令人称奇的复杂图形。这样的图形被称为分形图。

　　分形图具有自相似的特性,它们中的一个部分和它的整体或者其他部分都十分相似,分形体内任何一个相对独立的部分,在一定程度上都是整体的再现和缩影。而研究那些无限复杂但具有一定意义下的自相似的图形和结构的几何学,称为分形几何。由于不规则现象在自然界普遍存在,因此分形几何学又被称为描述大自然的几何学。

　　分形几何展示了数学之美,它不仅让人们感悟到科学与艺术的融合、数学与艺术审美的统一,而且有其深刻的科学方法论意义。

　　本章将带领读者编写程序创造神奇的分形图,内容如下:

◇ 谢尔宾斯基三角形

◇ 谢尔宾斯基地毯

◇ 六角形雪花

◇ 二叉树

◇ 勾股树

7.1　谢尔宾斯基三角形

 问题描述

　　谢尔宾斯基三角形(Sierpinski Triangle)是最经典的分形图形之一,它由波兰数学家谢尔宾斯基在 1915 年提出。图 7-1 是一个在平面内绘制的谢尔宾斯基三角形的分形图案,它由许多个大小不等的等边三角形构成。

　　谢尔宾斯基三角形的画法如下:

　　(1) 画一个等边三角形,并沿三条边中点的连线将它等分为 4 个小三角形。

　　(2) 排除中间的一个小三角形,对其余 3 个小三角形再执行 4 等分的操作。

图 7-1　谢尔宾斯基三角形

（3）重复上述步骤，可以得到更多、更小的等边三角形。最终这些大小不同的等边三角形就构成了谢尔宾斯基三角形。

谢尔宾斯基三角形的绘制过程如图 7-2 所示。

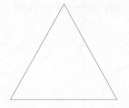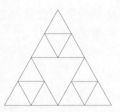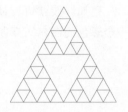

图 7-2　谢尔宾斯基三角形绘制过程

 编程思路

根据上述算法绘制谢尔宾斯基三角形的编程思路和步骤。

（1）画出基本形状。顾名思义，这个分形图的基本形状就是一个等边三角形。首先创建一个名为"谢尔宾斯基三角形"的模块，参数为"边长"，是要绘制的等边三角形的边长。然后在一个"重复执行……次"的循环体内依次向左旋转120°画出一个等边三角形。

（2）使用递归方法画出完整的分形图。分形图通常使用递归方式绘制，它可以使绘制过程变得非常简单。在代码中的"重复执行 3 次"循环指令内部的第一行（即"左转↺120 度"指令之前）加上递归调用，指令是"谢尔宾斯基三角形（边长/2）"。另外，将递归的终止条件设置为边长小于或等于 5。通过调整这个数值，可以控制以递归方式绘制的三角形的数量。

（3）在入口程序中，设置画笔颜色和大小、角色的初始方向和位置，以及调用"谢尔宾斯基三角形"模块。

 程序清单

绘制谢尔宾斯基三角形的程序清单见图 7-3。

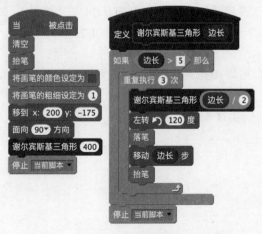

图 7-3　"谢尔宾斯基三角形"程序清单

单击绿旗运行程序,将得到一个如图 7-1 所示的谢尔宾斯基三角形的分形图。

 试一试

稍加修改就可以使这个分形图更具美感,在上面的代码中加入一行指令,就可以画出一个彩色的谢尔宾斯基三角形,见图 7-4。

图 7-4　彩色的谢尔宾斯基三角形

想一想应该把"将画笔颜色增加(1)"这行代码加在哪里?

7.2　谢尔宾斯基地毯

 问题描述

谢尔宾斯基地毯也是数学家谢尔宾斯基提出的一个分形图形,它和谢尔宾斯基三角形类似,不同之处在于谢尔宾斯基地毯是采用正方形进行分形构造,而谢尔宾斯基三角形是采用等边三角形进行分形构造。谢尔宾斯基地毯和它本身的一部分完全相似,减掉一块会破坏自相似性。图 7-5 是一个在平面内绘制的谢尔宾斯基地毯的分形图案,它由许多个大小不等的正方形构成。

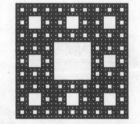

图 7-5　谢尔宾斯基地毯

谢尔宾斯基地毯的画法如下:

(1) 画一个正方形,再将其等分为 9 个小正方形。

(2) 排除中间的一个小正方形,将其余 8 个小正方形再进行 9 等分的操作。

(3) 重复上述步骤,可以得到更多、更小的正方形。最终这些大小不同的正方形构成了谢尔宾斯基地毯。

谢尔宾斯基地毯的绘制过程如图 7-6 所示。

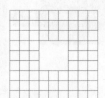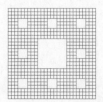

图 7-6　谢尔宾斯基地毯绘制过程

编程思路

根据上述算法介绍绘制谢尔宾斯基地毯的编程思路和步骤。

(1) 画出基本形状。这个分形图的基本形状是一个正方形。首先创建一个名为"谢尔宾斯基地毯"的模块，参数为"边长"，是要绘制的正方形的边长。然后在一个"重复执行 4 次"的循环结构中画出正方形的 4 条边，并且在画每条边时分 3 段画出。也就是在一个"重复执行 3 次"的循环结构中使用"移动(边长/3)步"指令画出正方形的每条边。之后就可以使用递归方式将每条正方形不断地等分为 9 个更小的正方形。

(2) 使用递归方法画出完整的分形图。在代码中的"重复执行 3 次"循环指令内部的第一行(即"移动(边长/3)步"指令之前)加上递归调用，指令是"谢尔宾斯基地毯(边长/3)"。另外，将递归的终止条件设置为边长小于 1。

(3) 在入口程序中，设置画笔颜色和大小、角色的初始方向和位置，以及调用"谢尔宾斯基地毯"模块。

 程序清单

绘制谢尔宾斯基地毯的程序清单见图 7-7。

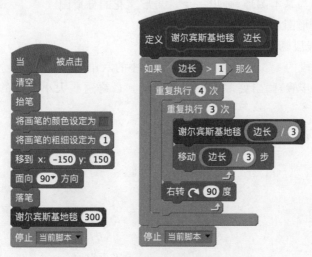

图 7-7 "谢尔宾斯基地毯"程序清单

单击绿旗运行程序，得到一个如图 7-5 所示的谢尔宾斯基地毯的分形图。

试一试

特别提醒，绘制谢尔宾斯基地毯的过程会比较慢，可以修改"谢尔宾斯基地毯"模块，选中"运行时不刷新屏幕"复选框，见图 7-8。

这样修改后，就可以启用加速模式，绘制图形的速度将极大地提高。赶快试试吧！

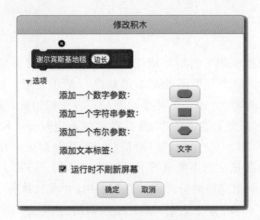

图 7-8　勾选"运行时不刷新屏幕"

7.3　六角形雪花

问题描述

以一个六角形为基本图形，画出一个六角形雪花的分形图。

六角形雪花分形图的画法如下：

（1）以 12 条线段画出一个六角形。

（2）以每条线段的 1/3 作为边长，画出一个小的六角形。

（3）重复上述步骤，画出更多更小的六角形。最终这些大小不同的六角形构成了一个雪花分形图。

六角形雪花分形图的绘制过程如图 7-9 所示。

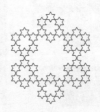

图 7-9　六角形雪花分形图绘制过程

编程思路

根据上述算法介绍绘制六角形雪花分形图的编程思路和步骤。

（1）画出基本形状。这个分形图的基本形状是一个六角形。首先创建一个名为"六角形"的模块，参数为"边长"，即要绘制的六角形的边长。然后在一个"重复执行……次"的循环体内依次画出六角形的 12 条边并向右旋转 120°，回到最初的方向，如此得到这个分形图的基本形状——六角形。

（2）使用递归方法画出完整的分形图。在代码中的"重复执行6次"循环指令内部的第一行（即"移动（边长）步"指令之前）加上递归调用，指令是"六角形（边长/3）"。另外，将递归的终止条件设置为边长小于3。

（3）在入口程序中，设置画笔颜色和大小、角色的初始方向和位置，以及调用"六角形"模块。

程序清单

绘制六角形雪花分形图的程序清单见图7-10。

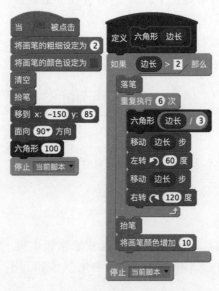

图7-10 "六角形雪花"分形图程序清单

单击绿旗运行程序，得到一个如图7-9所示的六角形雪花的分形图。

试一试

如果修改上述六角形雪花分形图的程序，调整画笔颜色和大小，就可以创建炫丽的雪花图案。

是否能绘制出图7-11中的彩色雪花？赶快试一试吧！

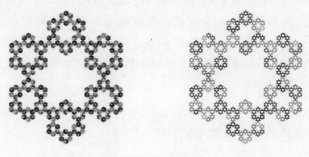

图7-11 彩色雪花

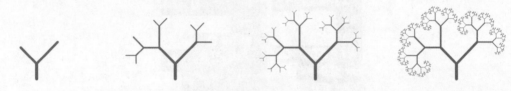
7.4 二叉树

问题描述

二叉树分形图的画法如下：

（1）画出树的主干。

（2）画 V 字形树枝，作为二叉树分形图的基本形状。

（3）在每个树枝末端画出更短小的 V 字形树枝。重复这一步骤，最终的树枝将会看上去像树叶一样，得到一棵枝繁叶茂的树。

二叉树分形图的绘制过程如图 7-12 所示。

图 7-12　二叉树分形图的绘制过程

编程思路

根据上述算法介绍绘制二叉树分形图的编程思路和步骤。

（1）画出树的主干。在入口程序中，设置画笔颜色和大小、角色的初始方向和位置，并画出树的主干。

（2）画出基本形状：V 字形树枝。二叉树的基本形状是一个 V 字形，为使二叉树看上去更自然，要画出一长一短的两个树枝。首先创建一个名为"二叉树"的模块，参数"长"为预设的 V 字形树枝的长度。接下来画出 V 字形树枝。先向左旋转 45°，画出左边的一个短树枝，然后再向右旋转 90°，画出右边的一个长树枝。

在画树枝时，左边的树枝比右边的树枝短一些，分别取参数"长"的 40％和 60％，而画笔大小则设定为参数"长"的 3％。画线的指令有重复的，可以把它封装到一个"画线……画笔……"模块中，能减少程序代码量。

画完 V 字形树枝后，再向左旋转 45°，使角色的方向指向 0，回到初始时的角度。

（3）使用递归方法画出完整的分形图。在画完左右两个树枝的指令后面加上调用模块"二叉树"，调用参数分别为"长 ＊ 0.7"和"长 ＊ 0.5"。然后，设定递归的结束条件为"长"小于 2 时，就不再往下画图。把画二叉树的代码放在"如果……那么"指令的内部。

程序清单

绘制二叉树分形图的程序清单见图 7-13。

图 7-13 "二叉树"程序清单

单击绿旗运行程序,将会画出一棵简单的二叉树。就好像是春天刚刚到来,树枝上只长出一些小嫩芽,效果见图 7-14。

试一试

在程序中再加上一行指令,使这棵二叉树变得枝繁叶茂。这行指令也是一个递归调用,加在"如果……那么"指令内部的最后一行(即在最后一个"左转 45 度"指令之后),这行调用模块的指令是"二叉树(长 * 0.6)"。之后再单击绿旗运行程序,就会画出一棵盛夏之树,效果见图 7-15。

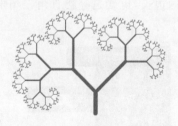

图 7-14 简单的二叉树

图 7-15 繁茂的二叉树

7.5　勾股树

 问题描述

勾股树又称毕达哥拉斯树。它是由古希腊数学家毕达哥拉斯根据勾股定理画出的一个可以无限重复的图形，形状像树，因此得名。勾股树的画法如下：

（1）画出大正方形作为基本形状。

（2）以大正方形的上边作为直角三角形的斜边，分别在三角形的两条直角边上画出两个小正方形。

（3）重复上述过程，在每一个正方形的上边分别画出两个小正方形，最终得到一个树状的图形。

勾股树的绘制过程如图 7-16 所示。

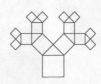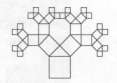

图 7-16　勾股树的绘制过程

 编程思路

根据上述算法介绍绘制勾股树分形图的编程思路和步骤。

（1）画出基本形状。

首先创建一个名为"勾股树"的模块，参数为"边长"。按照"上-右-下-左-上"的顺序画出一个大正方形，最终画笔停在大正方形的左上角位置。注意：初始方向为 0，即"面向 0 方向"。程序代码见图 7-17。

接着从大正方形的左上角位置开始，左转 45°，移动画笔画出左侧的小正方形的底边；再右转 90°，画出右侧小正方形的底边。这样在大正方形的顶部形成一个等腰直角三角形，两个锐角都是 45°，两直角边的长度相等。直角边的长度可以使用余弦函数来计算，算式为"边长 * cos(45)"，算式中的边长为大正方形的边长，也就是等腰直角三角形的斜边。程序代码见图 7-18。

图 7-17　绘制大正方形

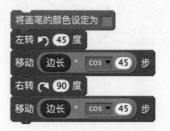

图 7-18　绘制顶部的三角形

最后，沿着大正方形的右边和底边移动，回到整个图形的起始位置，即大正方形的左下角。注意角度的变化为 $45°→90°→90°$，最终使角度为 0。程序代码见图 7-19。

至此，勾股树的基本图形绘制完毕。除了大正方形，其他线段可以不用画出，所以在画完大正方形后就可以"抬笔"了。

绘制勾股树基本图形的程序代码见图 7-20。

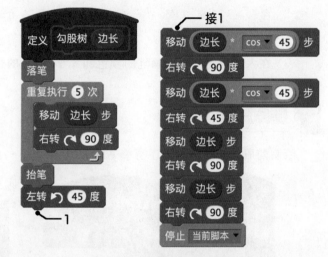

图 7-19　将画笔移回起点　　　　　　　图 7-20　绘制勾股树基本图形

（2）使用递归方法画出完整的分形图。

递归调用需要设置一个终止条件，否则就会无限调用下去。在画勾股树时，当画的正方形边长小于或等于 1 时，就终止递归调用，不再继续画图。在模块"勾股树"内加入终止条件，并把画勾股树的代码都放在"如果……那么"指令内部。程序代码见图 7-21。

接下来，画出大正方形顶部的两个小正方形。

先将第一个"左转 45 度"指令替换为"左转 135 度"和"右转 90 度"，然后在这两个指令之间调用模块"勾股树"，参数为"边长 * cos(45)"。这样就以递归方式画出大正方形顶部左侧的小正方形。程序代码见图 7-22。

图 7-21　勾股树递归终止条件　　　　图 7-22　画顶部左侧的小正方形

然后在画基本图形的顶部三角形的第一条直角边的指令（即第一个"移动（边长 * cos(45)）步"指令）之后调用模块"勾股树"，参数为"边长 * cos(45)"。这样以递归方式画出大正方形顶部右侧的小正方形。程序代码见图 7-23。

至此，这个模块可以画出一棵最小的勾股树。

　　两个小正方形的面积之和等于大正方形的面积，这里体现了勾股定理：$a^2+b^2=$

图 7-23　画顶部右侧的小正方形

c^2。勾股定理的定义是，在平面上的一个直角三角形中，两个直角边边长的平方加起来等于斜边长的平方。

（3）在入口程序中设置画笔的颜色和大小、角色的初始方向和位置等，并在入口程序中调用"勾股树"模块。

 程序清单

绘制勾股树分形图的程序清单见图 7-24。

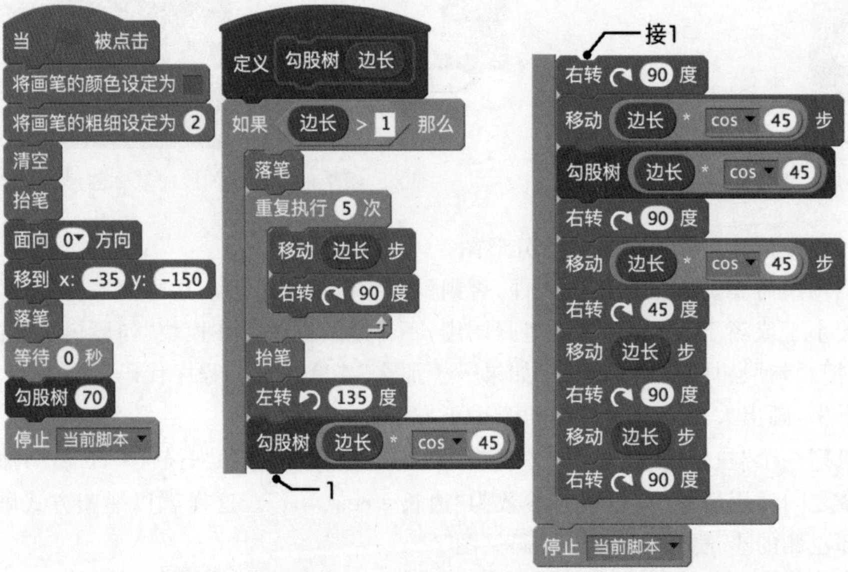

图 7-24　"勾股树"程序清单

单击绿旗运行程序，将得到一棵如图 7-25 所示的经典勾股树分形图。

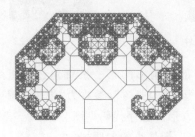

图 7-25　经典勾股树分形图

试一试

通过调整勾股树中三个正方形中间的直角三角形的两个锐角的大小，可以画出各种美丽的勾股树。效果见图 7-26。

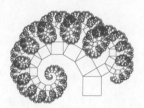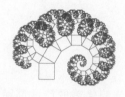

图 7-26　不同形状的勾股树

请你试一试，用 Scratch 编写程序画出上面几种不同形状的勾股树。

第8章 古算趣题 >>>

我国的诗词文化源远流长,意韵优美的诗歌词赋也影响到数学领域。古代数学家文理兼优,他们使用趣味生动而富有韵味的语言,把抽象难懂的数学题编成通俗易懂、蕴含哲理的诗词、口诀和歌谣。

使用诗歌形式表达古算题目,可以追溯到公元4世纪的数学专著《孙子算经》。之后在明代吴敬的《九章算法比类大全》、程大位的《算法统宗》以及清代梅毂成的《增删算法统宗》等数学著作中收录了数量众多、风格各异的古算诗题。

这些流传久远的古算诗题,闪耀着古算家智慧的光芒,直到今天读起来依然朗朗上口,易于理解和背诵。它带给人们丰富的数学知识,启迪人们的心智,激发人们对数学的兴趣。

本章算题大都选自徐品方、徐伟所著的《古趣算题探源》一书,有兴趣的读者可以找来阅读。本章以编程的方式求解这些妙趣横生的古算诗题,与读者一起分享和感受数学的诗意,内容如下:

◇ 浮屠增级
◇ 书生分卷
◇ 以碗知僧
◇ 牧童分杏
◇ 诵课倍增
◇ 李白沽酒
◇ 蜗牛爬树
◇ 百僧分馍
◇ 孔明统兵
◇ 千钱百鸡
◇ 酒有几瓶
◇ 日行几里
◇ 利滚利债
◇ 鸡鸭若干
◇ 客有几人
◇ 二果问价
◇ 隔沟算羊
◇ 红灯几盏

8.1 浮屠增级

 **问题描述**

> 远望巍巍塔七层,红灯点点倍加增;
>
> 共灯三百八十一,请问尖头几盏灯?

这是出自明代数学家吴敬《九章算法比类大全》书中的一道算题,它的意思是说:

> 从远处看到一座雄伟的 7 层宝塔,每层都挂着红灯笼。宝塔从上到下每层灯笼
> 数量都是上一层的 2 倍。已知整座宝塔总共有 381 盏灯,请问宝塔顶层有几盏灯?

 编程思路

这个问题是简单的"等比问题",运用按比例分配的方法就能求解答案。

按题意可知,这座 7 层宝塔上的灯是上少下多。从上到下算,假设第一层(最上层)的
灯数为 1 份,则第 2 层至第 7 层(在地面的一层),每层的灯数比上一层多一倍,分别是 2、
4、8、16、32、64 份,把它们加起来就得到灯的总份数。

又已知灯的总数为 381 盏,则用总灯数除以总份数就能得到 1 份所占的灯数,之后就
可以按各层所占份数求出各层的灯数了。

程序清单

根据上面介绍的解题方法,编写程序求解答案,该程序清单见图 8-1。

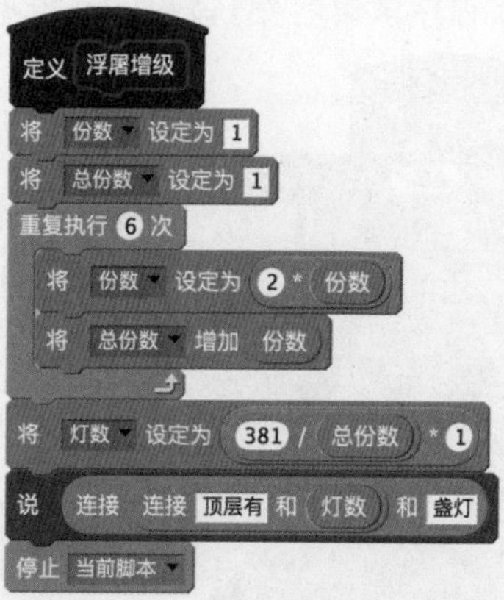

```
定义 浮屠增级
将 份数 设定为 1
将 总份数 设定为 1
重复执行 6 次
    将 份数 设定为 2 * 份数
    将 总份数 增加 份数
将 灯数 设定为 381 / 总份数 * 1
说 连接 连接 顶层有 和 灯数 和 盏灯
停止 当前脚本
```

图 8-1 "浮屠增级"程序清单

运行该模块,得到答案:顶层有 3 盏灯。

 试一试

请修改程序,求出这个 7 层宝塔每层各有几盏灯?

8.2 书生分卷

 问题描述

> 毛诗春秋周易书，九十四册共无余。
> 毛诗一册三人读，春秋一本四人呼，
> 周易五人读一本，要分每样几多书，
> 就见学生多少数，请君布算莫踌躇。

这是出自明代数学家程大位《算法统宗》书中的一道算题，它的意思是说：

> 现有儒家的三部经典著作《毛诗》《春秋》和《周易》，共计94册。每3个学生读一册《毛诗》，每4个学生读一册《春秋》，每5个学生读一册《周易》。如果知道每种书有多少册，就能知道学生有多少人。请你别犹豫，赶快算一算。

 编程思路

根据题意，假设《毛诗》有 x 册，则可计算出学生有 $3x$ 人，然后就可以计算出《春秋》有 $3x \div 4$ 本，《周易》有 $3x \div 5$ 本。采用枚举法来解题，从1开始列举《毛诗》的册数，接着计算出学生人数，再计算出《春秋》和《周易》的册数；然后判断如果三部书加起来有94册，则求得该问题的解。

 程序清单

根据上面介绍的算法，编写程序求解答案，该程序清单见图8-2。

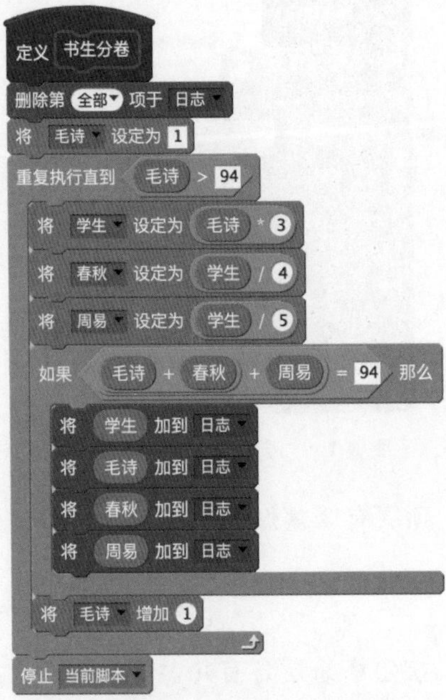

图8-2 "书生分卷"程序清单

运行该模块,得到答案:学生 120 人,毛诗 40 册,春秋 30 册,周易 24 册。

试一试

某小学组织去春游,如果每辆车坐 40 人,就余下 30 人;如果每辆车坐 45 人,就刚好坐完。请问有多少车?多少人?编写程序求解这个问题。

8.3 以碗知僧

问题描述

巍巍古寺在山中,不知寺内几多僧。

三百六十四只碗,恰合用尽不差争。

三人共食一碗饭,四人共尝一碗羹。

请问先生能算者,都来寺内几多僧。

这是出自明代数学家程大位《算法统宗》书中的一道算题,它的意思是说:

在山中有一座巍巍古寺叫作都来寺,但是不知道寺内有多少僧人。只知道在吃饭的时候要用掉 364 个碗,每 3 个人用一个碗吃饭,每 4 个人用一个碗喝汤。请你来算一算,这个都来寺里一共有多少僧人?

编程思路

根据题意,假设寺内有 x 个僧人,则可得如下等式:

$$\frac{x}{3} + \frac{x}{4} = 364$$

采用枚举法,从 1 开始列举人数,并判断人数是否能使上述等式成立。如果能成立,则找到该问题的解。

程序清单

根据上述算法,编写程序求解答案,该程序清单见图 8-3。

运行该模块,得到答案:都来寺内有 624 个僧人。

试一试

雯雯看了一本书,第一天看了全书的 1/3,第二天又看了 40 页,还剩下 32 页没有看。请问这本书一共有多少页?编写程序求解这个问题。

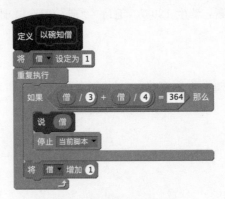

图 8-3　"以碗知僧"程序清单

8.4　牧童分杏

问题描述

> 牧童分杏各竞争，不知人数不知杏；
> 三人五个多十枚，四人八枚两个剩。

这是出自清代数学家梅毂成《增删算法统宗》书中的一道算题，它的意思是说：

有一群牧童在争着分杏，只知道按每 3 个人分给 5 个杏，就多出 10 个杏；按每 4 个人分给 8 个杏，还剩下 2 个杏。请问有几个牧童几个杏？

编程思路

根据题意，假设有 x 个牧童，则可得如下等式：

$$\frac{5}{3}x + 10 = \frac{8}{4}x + 2$$

采用枚举法，从 1 开始列举人数，并判断人数是否能使上述等式成立。如果能成立，则找到该问题的解。

程序清单

根据上述算法，编写程序求解答案，该程序清单见图 8-4。

运行该模块，得到答案：24 个牧童，50 个杏。

试一试

我国清代数学家梅毂成《增删算法统宗》书中有这样一道题："我问开店李三公，众客都来到店中。一房七客多七客，一房九客一房空。"题意自明，就不用翻译了。编写程序求解这个问题。

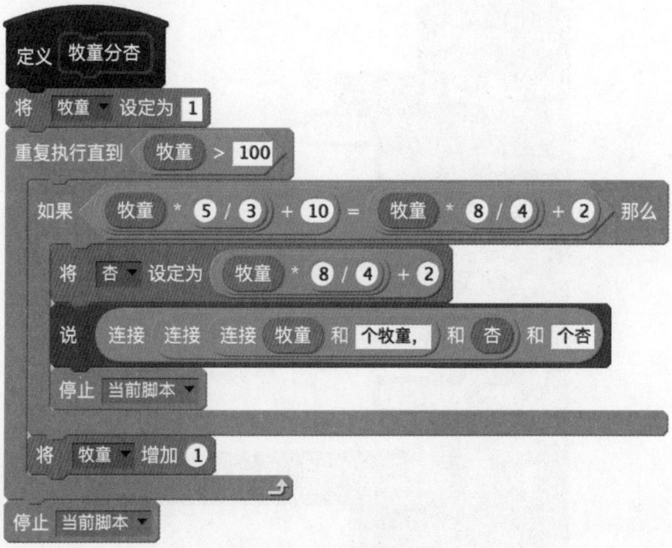

图 8-4 "牧童分杏"程序清单

8.5 诵课倍增

 问题描述

> 有个学生资性巧,一部孟子三日了。
>
> 每日增添整一倍,问君每日读多少?

这是出自明代数学家程大位《算法统宗》书中的一道算题,它的意思是说:

有一个聪明的学生,一部 34685 字的《孟子》只用 3 天就看完了。已知他每天阅读的字数比前一天多一倍,请问他每天阅读多少字?

 编程思路

这个问题是简单的"等比问题",运用按比例分配的方法就能求解答案。

由题意可知,这个学生每天阅读的字数比前一天多一倍,且 3 天就看完了一本书。由此,假设这个学生第 1 天阅读的字数为 1 份,那么第 2 天就是 2 份,第 3 天就是 4 份。把各份数加起来就是总份数,然后根据每天阅读的份数算出阅读的字数即可。

 **程序清单**

根据上面介绍的算法,编写程序求解答案,该程序清单见图 8-5。

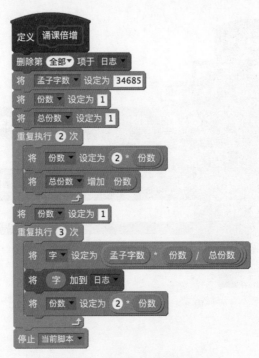

图 8-5 "诵课倍增"程序清单

运行该模块,得到答案:这个学生 3 天阅读的字数分别为 4955、9910、19820。

我国古代数学著作《九章算术》中有这样一道题:"今有女子善织,日自倍,五日五尺,问日织几何?"它的意思是说:有名女子善于织布,每天织的布是前一天的 2 倍,五天一共织了 5 尺布。问她每天织多少尺布?编写程序求解这个问题。

8.6 李白沽酒

问题描述

> 李白沽酒探亲朋,路途遥远有四程。
>
> 一程酒量添一倍,却被安童喝六升。
>
> 行到亲朋家里面,半点全无空酒瓶。
>
> 借问高明能算士,瓶内原有多少升?

这是出自清代数学家梅毂成《增删算法统宗》书中的一道算题,它的意思是说:

大诗人李白买了酒要去探望亲朋,路途遥远分四段才走到。每走一段路,就按瓶中的酒量添加一倍,但是被随从的书童偷偷喝去 6 升。当李白来到亲朋家里时,却发现酒瓶是空的。请问瓶中原有多少升酒？

 编程思路

可以用反推法来解决这个问题。假设时光可以倒流,让李白从亲朋家里倒着走回去,让书童由喝酒 6 升(减 6)变为加酒 6 升(加 6),添酒一倍(乘以 2)变为减酒一半(除以 2),那么经过 4 次迭代,就可以算出瓶中原有多少升酒。

 程序清单

根据这个算法,编写程序求解答案,该程序清单见图 8-6。

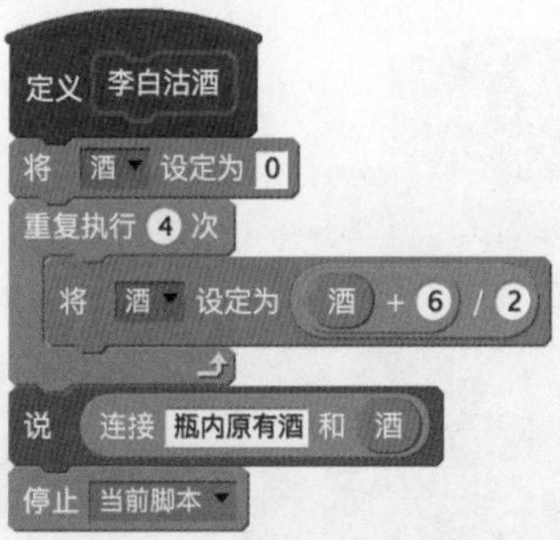

图 8-6 "李白沽酒"程序清单

运行该模块,得到答案:瓶内原有酒 5.625 升。

 **试一试**

诗仙李白爱喝酒,后人常把他编入数学题,比如下面这道题:

李白街上走,提壶去买酒。遇店加一倍,见花喝一斗。三遇店和花,喝光壶中酒。试问此壶中,原有多少酒？

编写程序求解这个问题。

8.7 蜗牛爬树

问题描述

一棵树高九丈八,一只蜗牛往上爬。

白天往上爬一丈,晚上下滑七尺八。

试问需要多少天,爬到树顶不下滑。

这是选自《歌词古体算题》中的一道算题。这道诗题浅显易懂,就不用翻译为白话文了。只是要注意这里使用的度量单位是旧制,一丈为十尺。

编程思路

可以模拟蜗牛爬行的过程来求解该问题。用一个不断增加的变量"爬行次数"来区分白天或晚上，并用变量"距离"来记录蜗牛爬行的距离。蜗牛是从白天开始爬行的，当"爬行次数"能被 2 整除时，则为晚上，就从"距离"中减去 7.8 尺；否则为白天，就向"距离"中增加 10 尺。另外，还要判断如果"距离"达到或超过 98 尺时，则表示蜗牛已经爬到树顶了。最后取爬行次数的一半就得到蜗牛爬行的天数。

 程序清单

根据上述介绍的算法，编写程序求解答案，该程序清单见图 8-7。

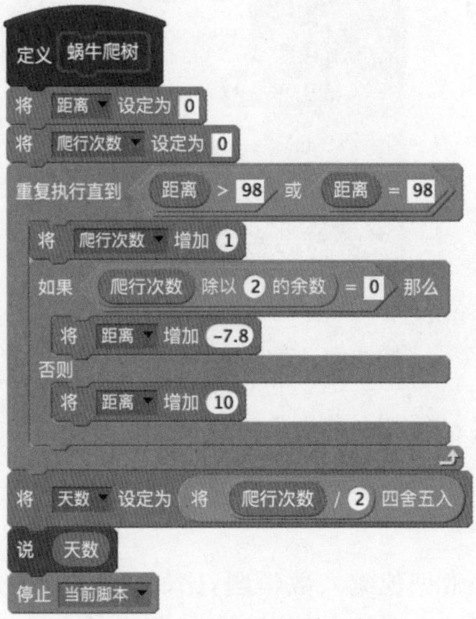

```
定义 蜗牛爬树
将 距离▼ 设定为 0
将 爬行次数▼ 设定为 0
重复执行直到  距离 > 98  或  距离 = 98
    将 爬行次数▼ 增加 1
    如果  爬行次数 除以 2 的余数 = 0  那么
        将 距离▼ 增加 -7.8
    否则
        将 距离▼ 增加 10
    将 天数▼ 设定为 将 爬行次数 / 2 四舍五入
    说 天数
    停止 当前脚本▼
```

图 8-7 "蜗牛爬树"程序清单

运行该模块，得到答案：蜗牛需要 41 天才能爬到树顶。

 试一试

有一只蜗牛沿着树干向上爬，白天向上爬 110cm，夜晚向下滑 50cm，第 6 天白天结束时蜗牛到达树顶。请问这棵树有多高？编写程序求解这个问题。

8.8 百僧分馍

 **问题描述**

一百馒头一百僧，大僧三个更无争；
小僧三人分一个，大小和尚各几丁？

这是出自明代数学家程大位《算法统宗》书中的一道算题,它的意思是说:

一百个和尚分一百个馒头,大和尚一人分三个,小和尚三人分一个,正好分完。问大、小和尚各几人?

 编程思路

根据题意,假设大和尚有 x 人,小和尚有 y 人,则可得如下等式:

$$\begin{cases} y = 100 - x \\ 3x + \dfrac{1}{3}y = 100 \end{cases}$$

采用枚举法,从 1 开始列举大和尚的人数并算出小和尚人数,再把大和尚和小和尚的人数代入上述等式判断是否成立。如果能成立,则找到该问题的解。

程序清单

根据上述算法,编写程序求解答案,该程序清单见图 8-8。

```
定义 百僧分馍

将 和尚总数 设定为 100
将 馒头总数 设定为 100
将 大和尚 设定为 1
重复执行直到  大和尚 > 和尚总数
    将 小和尚 设定为  和尚总数 - 大和尚
    如果  大和尚 * 3 + 小和尚 * 1 / 3 = 馒头总数  那么
        说 连接 连接 大和尚 和 . 和 小和尚
        停止 当前脚本
    将 大和尚 增加 1
停止 当前脚本
```

图 8-8 "百僧分馍"程序清单

运行该模块,得到答案:大和尚有 25 人,小和尚有 75 人。

试一试

100 匹马驮 100 筐物品,一匹大马驮 3 筐,一匹中马驮 2 筐,两匹小马驮 1 筐。问大、中、小马各多少?

编写程序求解这个问题。

8.9 孔明统兵

 问题描述

> 诸葛统领八员将，每将又分八个营。
> 每营里面排八阵，每阵先锋有八人。
> 每人族头俱八个，每个族头八队成。
> 每队更该八个甲，每个甲头八个兵。
> 请你仔细算一算，孔明共领多少兵？

这是出自清代数学家梅毂成《增删算法统宗》书中的一道算题，诗题中所说的诸葛、孔明就是大家熟悉的三国时期的著名人物诸葛亮。

 编程思路

由题意可知，将、营、阵、先锋、族头、队长、甲头、士兵的数量是一个等比数列，即 8、8^2、8^3、8^4、8^5、8^6、8^7、8^8。把这组数累加就可以得到孔明统领的人数，其中不包括孔明。

 程序清单

根据上面介绍的算法，编写程序求解答案，该程序清单见图 8-9。

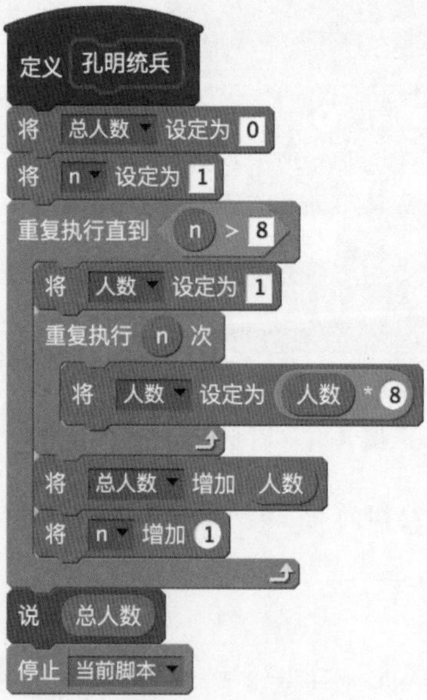

```
定义 孔明统兵
将 总人数 ▼ 设定为 0
将 n ▼ 设定为 1
重复执行直到 ⟨ n > 8 ⟩
    将 人数 ▼ 设定为 1
    重复执行 n 次
        将 人数 ▼ 设定为 人数 * 8
    将 总人数 ▼ 增加 人数
    将 n ▼ 增加 1
说 总人数
停止 当前脚本 ▼
```

图 8-9　"孔明统兵"程序清单

运行该模块，得到答案：孔明统领官兵人数为 19173960 人。

在数学家契斯佳可夫所著的《初等数学古代名题集》中记载有这样一道题：

路上走着 7 个老头，每个老头拿 7 个木杆，每个木杆有 7 个枝丫，每个枝丫有 7 个竹篮，每个竹篮有 7 个竹笼，每个竹笼里有 7 只麻雀。问：总共有多少只麻雀？

编写程序求解这个问题。

8.10　千钱百鸡

> 今有千文买百鸡，五十雄价不差池。
>
> 草鸡每个三十足，小者十文三个知。

这是出自明代数学家程大位《算法统宗》书中的一道算题（由张丘建百鸡问题修改而来），它的意思是说：

> 今有 1000 文钱要去买 100 只鸡。公鸡每只 50 文，母鸡每只 30 文，小鸡 3 只 10 文。请问公鸡、母鸡和小鸡各可以买多少只？

编程思路

根据题意，假设 1000 文钱能买公鸡、母鸡和小鸡的数量分别为 x、y 和 z，则可得如下等式：

$$\begin{cases} x+y+z = 100 \\ 50x+30y+\dfrac{10}{3}z = 1000 \end{cases}$$

采用枚举法，使用双重循环分别从 1 开始列举公鸡和母鸡的数量，小鸡的数量为 100 减去公鸡和母鸡的数量，再把公鸡、母鸡和小鸡的数量代入上述等式判断是否成立。若成立，则找到该问题的解。

程序清单

根据上面介绍的算法，编写程序求解答案，该程序清单见图 8-10。
运行该模块，得到答案：该问题共有 3 组解，公鸡、母鸡和小鸡的数量分别如下：

4,18,78

8,11,81

12,4,84

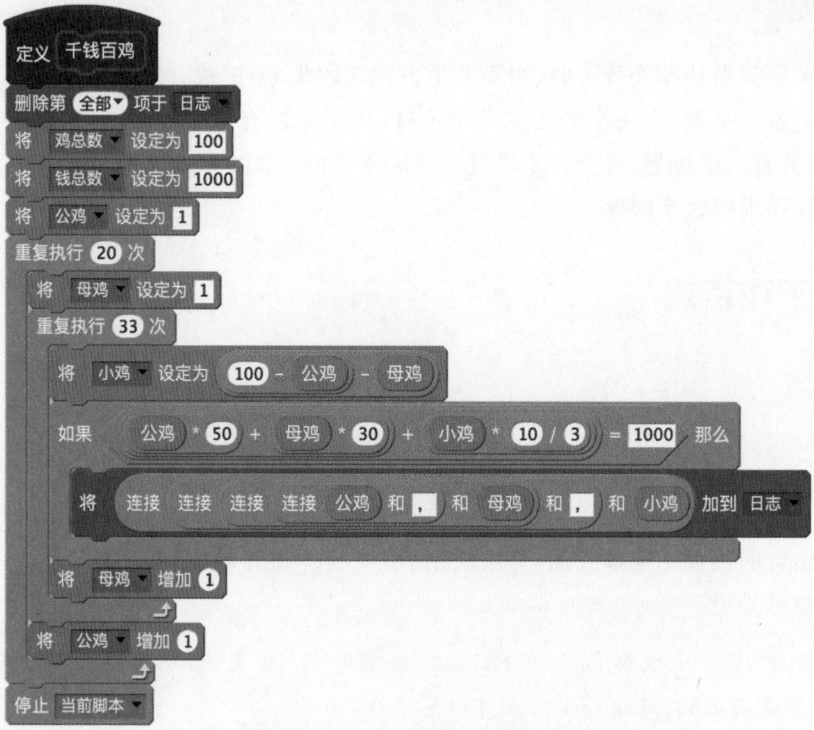

图 8-10　"千钱百鸡"程序清单

试一试

　　上述问题是不定方程问题，源于著名的"百鸡问题"。相传清代嘉庆皇帝曾仿照"百钱买百鸡"题编了一道"百钱买百牛"题给他的大臣们做。题目是："有银百两，买牛百头，大牛一头十两，小牛一头五两，牛犊一头半两。问大、小、牛犊各买多少头？"他本人和大臣中没有一人能解出。

　　编写程序求解这个"百钱买百牛"问题。

8.11　酒有几瓶

问题描述

　　　　　　肆中听得语吟吟，薄酒名醨厚酒醇。
　　　　　　好酒一瓶醉三客，薄酒三瓶醉一人。
　　　　　　共同饮了一十九，三十三客醉醺醺。
　　　　　　试问高明能算士，几多醨酒几多醇？

　　这是出自明代数学家程大位《算法统宗》书中的一道算题，它的意思是说：

在一家酒馆里人声嘈杂,客人们喝着低度的醨酒和高度的醇酒。一瓶醇酒能醉 3 个人,3 瓶醨酒能醉 1 个人。33 个客人共喝了 19 瓶酒就醉倒了。请你来算一算,他们喝了几瓶醇酒、几瓶醨酒?

 编程思路

由题意可知,假设醇酒为 x 瓶,醨酒为 y 瓶,则可得如下等式:

$$\begin{cases} x + y = 19 \\ 3x + \dfrac{y}{3} = 33 \end{cases}$$

采用枚举法,从 1 开始列举醇酒的数量,并计算出醨酒的数量,再把醇酒和醨酒的数量代入上述等式判断是否成立。若成立,则找到该问题的解。

 程序清单

根据上面介绍的算法,编写程序求解答案,该程序清单见图 8-11。

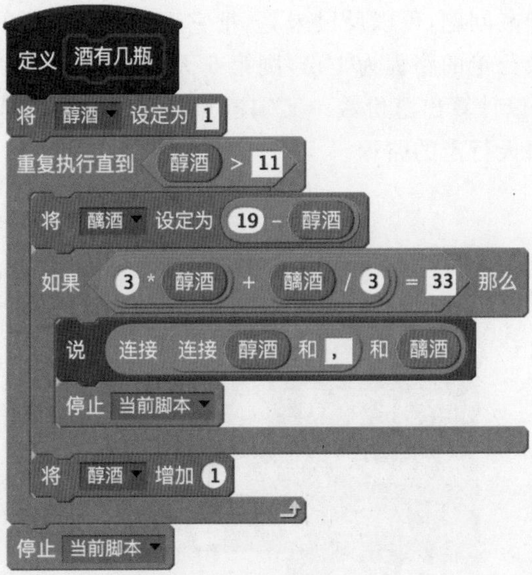

```
定义 酒有几瓶

将 醇酒 设定为 1

重复执行直到  醇酒 > 11
    将 醨酒 设定为 19 - 醇酒
    如果  3 * 醇酒 + 醨酒 / 3 = 33  那么
        说 连接 连接 醇酒 和 , 和 醨酒
        停止 当前脚本
    将 醇酒 增加 1

停止 当前脚本
```

图 8-11 "酒有几瓶"程序清单

运行该模块,得到结果:醇酒 10 瓶,醨酒 9 瓶。

试一试

雯雯家养有 70 只绵羊,每只大羊可剪毛 1.6kg,每只羊羔可剪毛 1.2kg。现在总共剪得羊毛 106kg,请问大羊和羊羔各有多少只?

编写程序求解这个问题。

8.12　日行几里

问题描述

> 三百七十八里关,初行健步不为难。
>
> 次日脚痛减一半,六朝才得到其关。
>
> 要见次日行里数,请公仔细算相还。

这是出自明代数学家程大位《算法统宗》书中的一道算题,它的意思是说:

> 有一个人步行 378 里去边关,第 1 天健步如飞,从第 2 天起因脚痛每天走的路比前一天减少一半。这样走了 6 天才到达边关。请你算一算,这个人第 2 天走了多少里路?

编程思路

这是一个等比例递减问题,可以反过来算,把它变成一个递增的问题,以方便计算。

假设这个人第 6 天行走的路程为 1 份,则第 5 天的为 2 份,第 4、3、2、1 天的份数分别为 4、8、16、32。由此可以计算出总份数。又知道 6 天行走的总路程是 378 里,则按每天行走的份数就可以算出每天行走的路程。

程序清单

根据上述介绍的算法,编写程序求解答案,该程序清单见图 8-12。

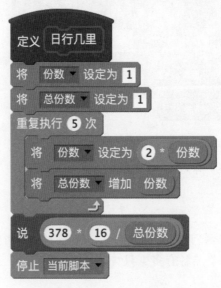

图 8-12　"日行几里"程序清单

运行该模块,得到答案:第 2 天行走的路程是 96 里。

在我国古代数学著作《张丘建算经》中有这样一道题:"今有马行转迟,次日减半疾,七日行七百里。问日行几何?"题意自明,就不用翻译了。

编写程序求解这个问题。

8.13 利滚利债

> 本利年年倍,债主催速还。
>
> 一年取五斗,三年本利完。

这是出自清代数学家梅毂成《增删算法统宗》书中的一道算题,它的意思是说:

> 有人向债主借了若干粮食,本利每年增加 1 倍,每年还 5 斗粮食,本利 3 年还完。请问此人向债主借了多少粮食?

编程思路

本题中所讲的是一种利滚利的高利贷,当年的利息加入本金计算利息,本利每年增加一倍的利息,而不是单利息。如原借 x 斗,第一年为 $2x$ 斗……这是很苛刻的借贷。

由题意可知,每年本利增一倍并还 5 斗,设借粮数为 x,则第一年所欠粮食为 $2x-5$;三年还完本利,即迭代 3 次,结果为 0。使用反推法来计算,第三年所欠的粮食为 $(x+5)\div2$,迭代 3 次,即可得到原来向债主借的粮食。

程序清单

根据上述介绍的算法,编写程序求解答案,该程序清单见图 8-13。

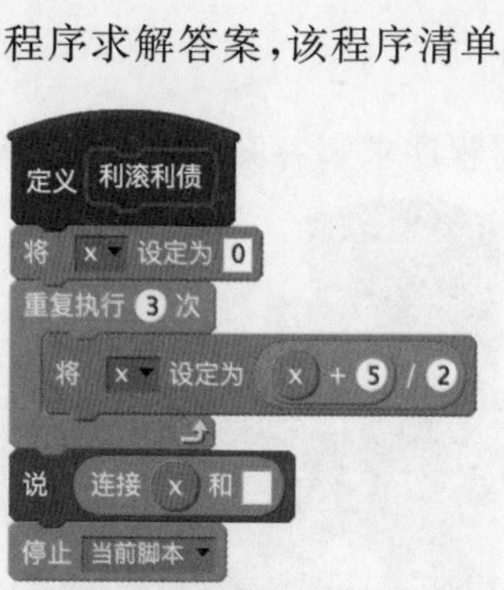

图 8-13 "利滚利债"程序清单

运行该模块,得到答案:原来借粮 4.375 斗。

妈妈把 5000 元钱存入银行，存期为三年，年利率为 2.75%。到期后，妈妈可得到本金和利息共多少元？

编写程序求解这个问题。

8.14 鸡鸭若干

 问题描述

鸡鸭共一栏，鸡为鸭之半。

八鸭展翅飞，六鸡在生蛋。

再点鸡鸭数，鸭为鸡倍三。

请你算一算，鸡鸭原若干？

这是出自清代数学家梅毂成《增删算法统宗》书中的一道算题，它的意思是说：

今有一群鸡鸭被关在一个栏圈里，已知鸡为鸭的一半。主人在清点鸡鸭时，发现有 8 只鸭展翅飞出了栏圈，又有 6 只鸡躲在窝里生蛋。这时再清点，鸭为鸡的 3 倍。请你算一算，鸡鸭原有多少只？

 编程思路

由题意可知，假设鸡有 x 只，鸭有 y 只，则可得如下等式：

$$\begin{cases} y = 2x \\ y - 8 = 3(x - 6) \end{cases}$$

采用枚举法，从 1 开始列举鸡的数量，并计算出鸭的数量，再把鸡和鸭的数量代入上述等式判断是否成立。若成立，则找到该问题的解。

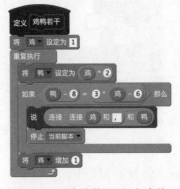 程序清单

根据上面介绍的算法，编写程序求解答案，该程序清单见图 8-14。

图 8-14 "鸡鸭若干"程序清单

运行该模块,得到答案:鸡有 10 只,鸭有 20 只。

 试一试

在《歌词古体算题》中有这样一道题:"甲借乙家七砚,还他三管毛锥,贴钱四百又八十,恰好齐同了毕。丙却借乙九笔,还他三个端溪,一百八十贴乙齐,二色价该各几?"它的意思是说:

甲向乙家借了 7 个砚台,还了他 3 支上等的毛笔,再补给他 480 文钱,刚好等价。丙向乙家借了 9 支毛笔,还了他 3 个端溪砚台,再补给他 180 文钱,恰好等价。请问,毛笔、砚台各价值多少文钱?

编写程序解决这个问题。

8.15 客有几人

 问题描述

妇人洗碗在河滨,试问家中客几人?

答曰不知人数目,六十五碗自分明。

二人共餐一碗饭,三人共吃一碗羹。

四人共肉无余数,请君布算莫差争。

这是出自清代数学家梅毂成《增删算法统宗》书中的一道算题,它的意思是说:

一个妇人在河边洗碗,有人问她家中来了几个客人?妇人回答不知客人数,但是知道一共用了 65 只碗。平均 2 人共用一个饭碗,3 人共喝一碗汤,4 人共吃一碗肉。请你算算就知道有多少客人?

编程思路

根据题意,设有客人 x 个,则可得如下等式:

$$\frac{x}{2} + \frac{x}{3} + \frac{x}{4} = 65$$

采用枚举法,从 1 开始列举客人的数量,并将其代入上述等式。如果等式成立,则找到该问题的解。

程序清单

根据上面介绍的算法,编写程序求解答案,该程序清单见图 8-15。

运行该模块程序,得到答案:有客人 60 人。

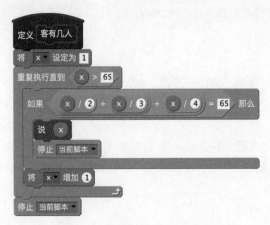

图 8-15　"客有几人"程序清单

雯雯收藏的文史类图书占其藏书总数的 35％，科技类图书占 25％，文史类图书比科技类图书多 12 册。请问雯雯一共收藏有多少册图书？

编写程序求解这个问题。

8.16　二果问价

问题描述

九百九十九文钱，甜果苦果买一千。

甜果九个十一文，苦果七个四文钱。

试问甜苦果几个？又问各该几个钱？

这是出自元代数学家朱世杰《四元玉鉴》书中的一道算题，它的意思是说：

999 文钱买了 1000 个甜果和苦果，甜果 9 个要 11 文钱，苦果 7 个要 4 文钱。试问甜果和苦果各买了几个？分别要多少钱？

编程思路

根据题意，设甜果 x 个，苦果 y 个，则可得如下等式：

$$\begin{cases} x + y = 1000 \\ \dfrac{11}{9}x + \dfrac{4}{7}y = 999 \end{cases}$$

采用枚举法，从 1 开始列举甜果的数量，并计算出苦果的数量，再把甜果和苦果的数量代入上述等式判断是否成立。若成立，则找到该问题的解。

程序清单

根据上面介绍的算法,编写程序求解答案,该程序清单见图 8-16。

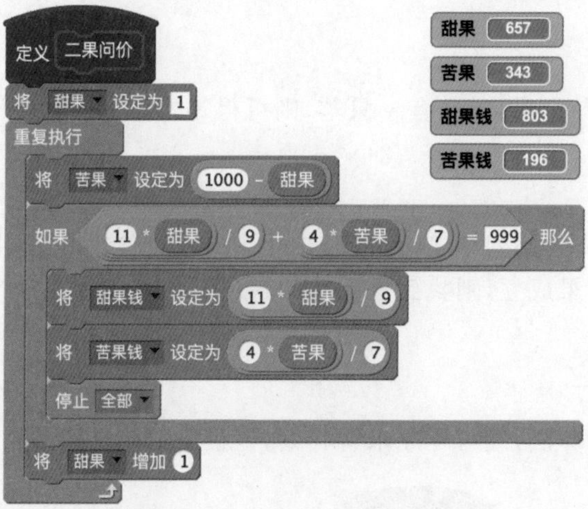

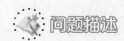

图 8-16　"二果问价"程序清单

运行该模块,得到答案:买了甜果 657 个,花了 803 文钱;买了苦果 343 个,花了 196 文钱。

试一试

在明代数学家吴敬《九章算法比类大全》书中有这样一道算题:"八臂一头号夜叉,三头六臂是哪吒。两处争强来斗胜,不相胜负正交加。三十六头齐出动,一百八手乱相抓。旁边看者殷勤问,几个哪吒与夜叉。"

简单地说就是,一群八臂一头的夜叉和三头六臂的哪吒在混战,从旁边看去有 36 个头和 108 只手,请问有几个哪吒和几个夜叉?

编写程序求解这个问题。

8.17　隔沟算羊

问题描述

甲乙隔沟放牧,二人暗里参详。

甲云得乙九个羊,多你一倍之上。

乙说得甲九只,两家之数相当。

两边闲坐恼心肠,画地算了半晌。

这是出自明代数学家程大位《算法统宗》书中的一道算题,它的意思是说:

甲、乙牧人隔着山沟放羊,两人心里都在想对方有多少羊。甲对乙说:"我若得你9只羊,我的羊就多你一倍。"乙说:"我若得你9只羊,我们两家的羊数就相等。"两人闲坐山沟两边,心里烦恼,各自在地上列算式计算了半天也没算出来。请问甲、乙各有多少只羊?

 编程思路

根据题意,设甲有 x 只羊,乙有 y 只羊,则可得等式如下:

$$\begin{cases} 2(y-9) = x+9 \\ y+9 = x-9 \end{cases}$$

采用枚举法,从1开始列举甲的羊数,并计算出乙的羊数,再把甲、乙羊数代入上述等式判断是否成立。如果成立,则找到该问题的解。

 程序清单

根据上面介绍的算法,编写程序求解答案,该程序清单见图 8-17。

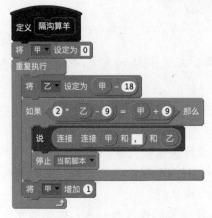

图 8-17　"隔沟算羊"程序清单

运行该模块,得到答案:甲有羊 63 只,乙有羊 45 只。

 **试一试**

甲、乙两人去买酒,不知道谁买多买少。只知道乙买酒钱的 1/3 与甲买酒钱之和恰好为200 文。若乙得到甲买酒钱的一半,也有 200 文。请问甲、乙两人买酒各用了多少钱?
编写程序解决这个问题。

8.18　红灯几盏

问题描述

元宵十五闹纵横,来往观灯街上行。

我见灯上下红光映,绕三遭,数不真。

　　从头儿三数无零,五数时四瓯不尽。

　　七数时六盏不停,端的是几盏明灯。

这是出自明代数学家程大位《算法统宗》书中的一道算题,它的意思是说:

　　　　正月十五元宵节,到街上赏灯的人来来往往。我看见一座花灯上下红光一片,围着它转 3 圈也数不清有几盏灯笼。若是从顶端往下数,3 盏 3 盏地数正好数尽,5 盏 5 盏地数还剩 4 盏,7 盏 7 盏地数还剩 6 盏。请问这座花灯从头到底共有几盏灯笼?

 编程思路

根据题意,设这座花灯上的灯笼数量为 x,则其必须一起满足以下 3 个条件。

条件 1:x 除以 3 的余数为 0。

条件 2:x 除以 5 的余数为 4。

条件 3:x 除以 7 的余数为 6。

可以从 1 开始列举灯笼数量,如果灯笼数量同时满足以上 3 个条件,则找到该问题的解。

 程序清单

根据上面介绍的算法,编写程序求解答案,该程序清单见图 8-18。

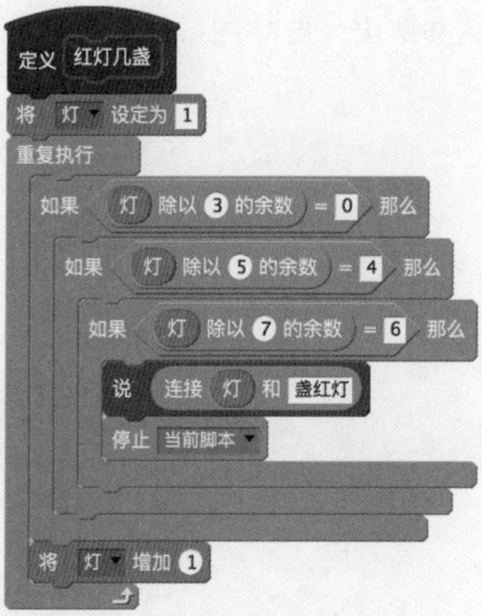

图 8-18　"红灯几盏"程序清单

运行该模块,得到答案:有 69 盏红灯。

 试一试

在此题中,5 和 7 的公倍数是 35,减 1 后是 34。这个 34 除以 5 和 7 的余数分别是 4 和 6。因此可以让变量"灯"从 34 开始,每次增加 35,再判断灯数是否能被 3 整除即可求解。

　　用改进后的方法编程求解该问题。

第 9 章　逻 辑 推 理

>>>

　　在 Scratch 中有一种数据类型是布尔类型，它是关系运算指令和逻辑运算指令的返回值，或是其他一些侦测指令的返回值，它的值为 true(真)和 false(假)；当它参与算术运算时，则它的值为 1 或 0。我们用 Scratch 编程解决逻辑推理问题，其实质就是判断题目描述的一个或多个条件是真或假。

　　解决逻辑推理问题的关键是：根据题目中给出的各种已知条件，提炼出正确的逻辑关系，并将其转换为用 Scratch 脚本描述的逻辑表达式。Scratch 提供了基本的关系运算符(小于、等于、大于)和逻辑运算符(与、或、不成立)，可以用来构建各种逻辑表达式。使用 Scratch 编程解决逻辑推理问题时，一般使用枚举法，即使用循环结构将各种方案列举出来，再逐一判断根据题目建立的逻辑表达式是否成立，最终找到符合题意的答案。

　　通过解决逻辑推理题，能锻炼人的逻辑推理能力，对于学好其他学科和处理日常生活问题都很有帮助。

　　本章将带领读者一起挑战和解决一些妙趣横生的逻辑推理问题，内容如下：
　　◇ 肖像在哪里
　　◇ 认出五大洲
　　◇ 赛跑排名
　　◇ 如何分票
　　◇ 谁是杀手
　　◇ 谁是小偷
　　◇ 新郎和新娘
　　◇ 谁是雷锋
　　◇ 诚实族和说谎族
　　◇ 谁在说谎
　　◇ 黑与白
　　◇ 区分旅客国籍
　　◇ 她们在做什么

9.1　肖像在哪里

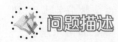　问题描述

　　莎士比亚在《威尼斯商人》中，讲述富家少女鲍西娅品貌双全，贵族子弟、公子王孙纷

纷向她求婚。鲍西娅按照其父遗嘱，由求婚者猜盒订婚。鲍西娅有金、银、铜、锡四个盒子，分别刻有四句话，其中只有一个盒子放有鲍西娅的肖像。通过这四句话，谁最先猜中鲍西娅的肖像放在哪个盒子里，谁就可以娶到鲍西娅。四个盒子上刻的话分别如下。

金盒子："肖像不在此盒中。"

银盒子："肖像在铜盒子中。"

铜盒子："肖像不在银盒子中。"

锡盒子："肖像在金盒中。"

鲍西娅告诉求婚者，上述4句话中只有3句话是真的。请问鲍西娅的肖像究竟放在哪个盒子里？

 编程思路

根据题意，把四个盒子用数字表示：1是金盒、2是银盒、3是铜盒、4是锡盒，然后把题目中的4个已知条件转换为逻辑表达式，见表9-1。

表9-1 "肖像在哪里"逻辑表达式

已 知 条 件	逻辑表达式
肖像不在金盒中	＜盒子＝1＞不成立
肖像在铜盒中	＜盒子＝3＞
肖像不在银盒中	＜盒子＝2＞不成立
肖像在金盒中	＜盒子＝1＞

接下来构建一个循环结构，依次从1到4列举肖像所在的盒子，然后判断如果4个已知条件中有3个成立，则找到该问题的答案。这时查看日志列表，就可以知道鲍西娅的肖像放在哪个盒子里。

 程序清单

根据上面介绍的算法，编写程序求解答案，该程序清单见图9-1。

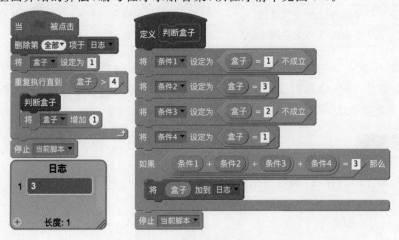

图9-1 "肖像在哪里"程序清单

单击绿旗运行程序,得到答案：鲍西娅的肖像放在铜盒中。

 试一试

假设盒子上的话只有一句是真的,请问鲍西娅的肖像放在哪个盒子里？

9.2　认出五大洲

 问题描述

地理老师在黑板上挂了一张世界地图,并给五大洲的每一个洲都标上了一个数字代号,再让同学们认出五大洲。有五名学生分别作了回答。

甲：3号是欧洲,2号是美洲。

乙：4号是亚洲,2号是大洋洲。

丙：1号是亚洲,5号是非洲。

丁：4号是非洲,3号是大洋洲。

戊：2号是欧洲,5号是美洲。

老师说他们每人都只说对了一半,请问1～5号分别代表哪个洲？

 编程思路

根据题目描述,我们把五名同学的回答转换为逻辑表达式,见表9-2。由于每个人只答对了一个,我们把两个条件表达式相加后作为各个同学回答的结果,它们应该都是1。

表 9-2　"认出五大洲"逻辑表达式

已 知 条 件	逻 辑 表 达 式
甲：3号是欧洲,2号是美洲	＜欧洲＝3＞＋＜美洲＝2＞
乙：4号是亚洲,2号是大洋洲	＜亚洲＝4＞＋＜大洋洲＝2＞
丙：1号是亚洲,5号是非洲	＜亚洲＝1＞＋＜非洲＝5＞
丁：4号是非洲,3号是大洋洲	＜非洲＝4＞＋＜大洋洲＝3＞
戊：2号是欧洲,5号是美洲	＜欧洲＝2＞＋＜美洲＝5＞

接下来,构建一个循环结构,依次从1～5列举五大洲的代号,然后判断如果五个同学的回答结果都是1时,则找到该问题的答案。这时查看五大洲各个变量的值,就可以知道1～5分别代表哪个大洲。

程序清单

根据上面介绍的算法,编写程序求解答案,该程序清单见图9-2。

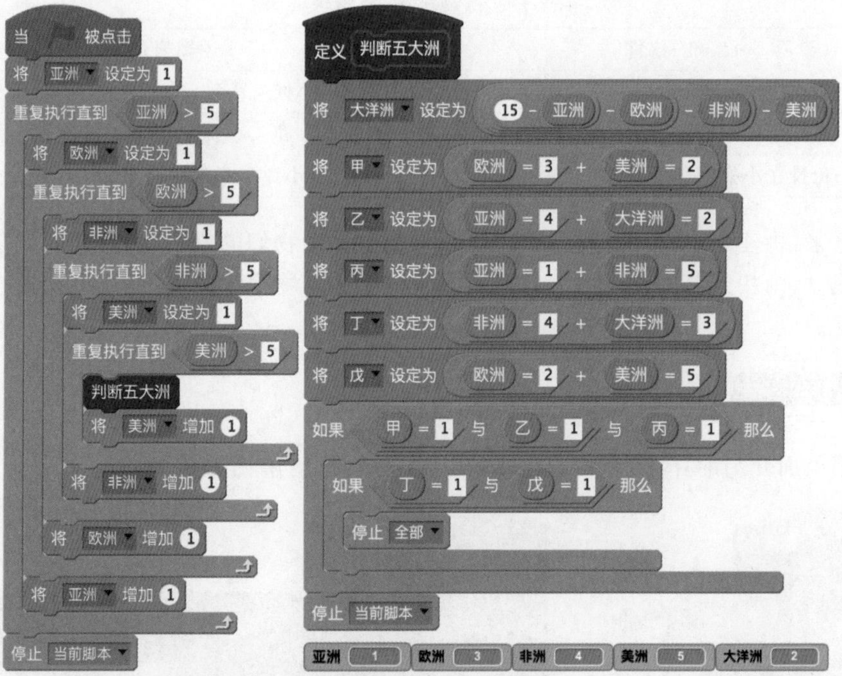

图 9-2　"认出五大洲"程序清单

单击绿旗运行程序,得到答案:1 是亚洲,2 是大洋洲,3 是欧洲,4 是非洲,5 是美洲。

 试一试

不用编程,是否能在纸上把这个问题推理出来?

9.3　赛跑排名

问题描述

在大森林里举行了一场运动会,小狗、小兔、小猫、小猴和小鹿参加了百米赛跑。比赛结束后,小动物们说了下面的一些话。

小猴说:"我比小猫跑得快。"

小狗说:"小鹿在我的前面冲过了终点线。"

小兔说:"我的名次排在小猴的前面,小狗的后面。"

请你根据小动物们的回答排出名次。

编程思路

根据题意,把小猴、小狗和小兔的回答作为三个已知条件转换成逻辑表达式,见表 9-3。

表 9-3　"赛跑排名"逻辑表达式

已 知 条 件	逻辑表达式
小猴比小猫跑得快	小猴＜小猫
小鹿在小狗的前面冲过了终点线	小鹿＜小狗
小兔排在小猴的前面,小狗的后面	(小兔＜小猴)与(小狗＜小兔)

接下来,构建一个循环结构,依次从 1～5 列举小动物们的排名,然后判断如果三个已知条件成立,则找到该问题的答案。这时查看五个小动物变量的值,就可以知道小动物们的排名了。

 程序清单

根据上面介绍的算法,编写程序求解答案,该程序清单见图 9-3。

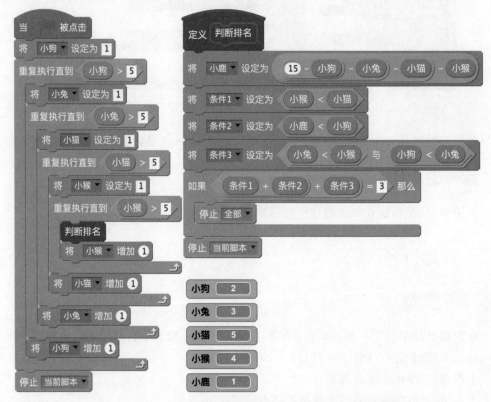

图 9-3　"赛跑排名"程序清单

单击绿旗运行程序,得到答案:小鹿 1,小狗 2,小兔 3,小猴 4,小猫 5。

 试一试

假如小狗说:"我在小鹿的前面冲过了终点线。"那么小动物们的排名是怎样的?

9.4 如何分票

甲、乙、丙三人，一个人喜欢看足球，一个人喜欢看拳击，一个人喜欢看篮球。已知甲不爱看篮球，丙既不喜欢看篮球又不喜欢看足球。现有足球、拳击、篮球比赛的入场券各一张，请你根据他们的爱好，把票分给他们。

根据题意，丙既不喜欢看篮球又不喜欢看足球，也就是丙喜欢看拳击。使用 1 代表足球、2 代表拳击、3 代表篮球，然后把两个约束条件转换为逻辑表达式，见表 9-4。

表 9-4 "如何分票"逻辑表达式

已 知 条 件	表 达 式
甲不爱看篮球	＜甲＝3＞不成立
丙喜欢看拳击	＜丙＝2＞

接下来，构建一个循环结构，依次从 1～3 列举甲、乙、丙三人的分票方案，然后判断如果两个已知条件成立，则找到该问题的答案。这时查看甲、乙、丙三个变量的值，就可以知道三人分别分到了哪张票。

程序清单

根据上面介绍的算法，编写程序求解答案，该程序清单见图 9-4。

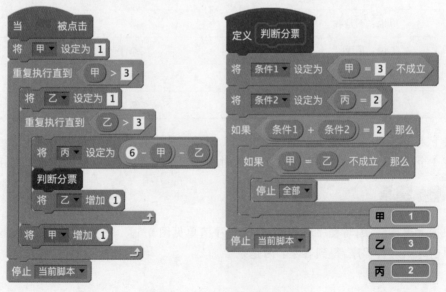

图 9-4 "如何分票"程序清单

单击绿旗运行程序,得到答案:甲拿足球票,乙拿篮球票,丙拿拳击票。

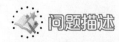

假设已知条件改为甲不爱看足球,乙不爱看拳击,丙不爱看篮球。请问该如何分票?

9.5　谁是杀手

 问题描述

日本某地发生了一起谋杀案,警方通过排查确定杀人凶手必为四个嫌疑犯中的一个。被控制的四个嫌疑犯分别说了如下供词。

甲说:"不是我。"

乙说:"是丙。"

丙说:"是丁。"

丁说:"丙在胡说。"

已知三个人说了真话,一个人说的是假话。

现在根据这些信息,请你找出到底谁是凶手?

编程思路

根据题意,把甲、乙、丙、丁四人分别用 1、2、3、4 表示,然后把四人所说的话转换成逻辑表达式,见表 9-5。

表 9-5　"谁是杀手"逻辑表达式

已 知 条 件	表 达 式
甲说:不是我	<杀手=1>不成立
乙说:是丙	<杀手=3>
丙说:是丁	<杀手=4>
丁说:丙在胡说	<杀手=4>不成立

接下来,构建一个循环结构,依次从 1～4 列举出杀手是谁,然后判断如果上述 4 个表达式有 3 个成立,则找到该问题的答案。这时查看杀手变量的值,就能知道谁是杀手。

 程序清单

根据上述算法,编写程序求解答案,该程序清单见图 9-5。

单击绿旗运行程序,得到答案:丙是杀手。

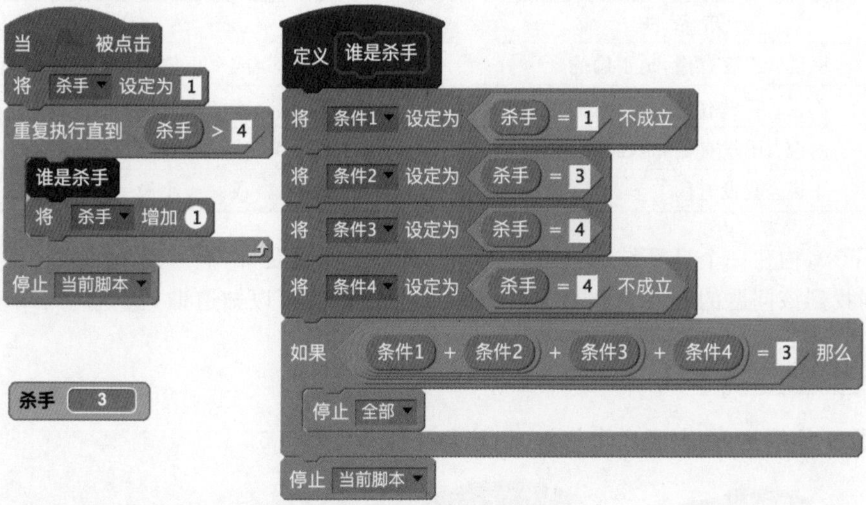

图 9-5 "谁是杀手"程序清单

试一试

假设丁说:"乙在胡说。"那么请问谁是杀手?

9.6 谁是小偷

问题描述

公安人员审问四名盗窃嫌疑人。这四人中仅有一人是小偷,而且这四人中每人要么是诚实的,要么总是说谎的。在回答公安人员的问题时,四个人的回答如下。

甲说:"乙没有偷,是丁偷的。"

乙说:"我没有偷,是丙偷的。"

丙说:"甲没有偷,是乙偷的。"

丁说:"我没有偷。"

根据这四人的答话,请判断谁是小偷?

编程思路

根据题意,4 人中只有一人是小偷,而且每个人要么说的是真话,要么说的是假话。由于甲、乙、丙三人都说了"X 没有偷,是 Y 偷的",因此不管该人是否说谎,他提到的两人中必有一人是小偷。丁只说了一句话,无法判定其真假,可能是小偷,也可能不是。这样可以把已知条件用逻辑表达式描述,见表 9-6。

表9-6 "谁是小偷"逻辑表达式

已 知 条 件	表 达 式
甲说：乙没有偷，是丁偷的	＜小偷＝2＞或＜小偷＝4＞
乙说：我没有偷，是丙偷的	＜小偷＝2＞或＜小偷＝3＞
丙说：甲没有偷，是乙偷的	＜小偷＝2＞或＜小偷＝1＞
丁说：我没有偷	＜小偷＝4＞或＜＜小偷＝4＞不成立＞

接下来，构建一个循环结构，依次从1～4列举出小偷是谁，然后判断如果上述表达式成立，则找到该问题的答案。这时查看小偷变量的值，就可以知道谁是小偷。

程序清单

根据上述算法，编写程序求解答案，该程序清单见图9-6。

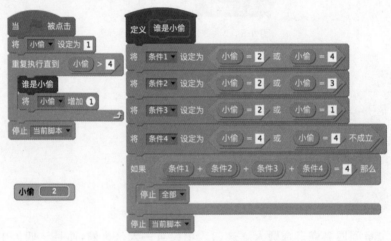

图9-6 "谁是小偷"程序清单

单击绿旗运行程序，得到答案：乙是小偷。

试一试

假设在四名盗窃嫌疑人中只有两人说的是真话，那么请问谁是小偷？

9.7 新郎和新娘

问题描述

有3对新婚夫妇参加婚礼，3个新郎为A、B、C，3个新娘为X、Y、Z。有人不知道谁和谁结婚，于是询问了6位新人中的3位，但听到的回答是这样的。

A说他将和X结婚。

X说她的未婚夫是C。

C 说他将和 Z 结婚。

这人听后知道他们在开玩笑,全是假话。请问谁将和谁结婚?

 编程思路

根据题意,把题目中的已知条件整理成逻辑表达式,见表 9-7。把新郎 A、B、C 分别用 1、2、3 表示,已知被询问的人说的都是假话,并且 3 个新郎不能有相同的新娘。

表 9-7 "新郎和新娘"逻辑表达式

已 知 条 件	表 达 式
A 不与 X 结婚	<X=1>不成立
X 说她的未婚夫是 C	<X=3>不成立
C 说他将和 Z 结婚	<Z=3>不成立
X 和 Y 不能相同	<X=Y>不成立
Y 和 Z 不能相同	<Y=Z>不成立
Z 和 Y 不能相同	<Z=Y>不成立

接下来,构建一个循环结构,依次用 1~3 列举出 X、Y、Z 三个人的新娘,然后判断如果上述表达式成立,同时 X、Y、Z 三人不能有相同的新娘,则找到该问题的答案。这时查看 X、Y、Z 三个变量的值,就可以知道他们的新娘是谁。

 程序清单

根据上述算法,编写程序求解答案,该程序清单见图 9-7。

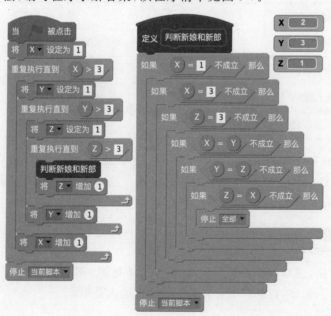

图 9-7 "新郎和新娘"程序清单

单击绿旗运行程序,得到答案：X和B结婚,Y和C结婚,Z和A结婚。

假设3个人的回答中,只有1人说的是真话,那么请问谁将和谁结婚？

9.8 谁是雷锋

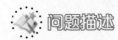问题描述

某校有一位学生学习雷锋做好事不留名。据同学们反映,这个"雷锋"是甲、乙、丙、丁四人中的一个。当老师问他们时,他们分别这样说。

甲说："这件好事不是我做的。"

乙说："这件好事是丁做的。"

丙说："这件好事是乙做的。"

丁说："这件好事不是我做的。"

已知这四人中只有一个人说了真话,请问谁是做了好事的"雷锋"？

编程思路

根据题意,把甲、乙、丙、丁四人分别用1、2、3、4表示,然后把四人所说的话转换成逻辑表达式,见表9-8。

表9-8　"谁是雷锋"逻辑表达式

已知条件	表达式
不是甲做的	＜雷锋＝1＞不成立
是丁做的	＜雷锋＝4＞
是乙做的	＜雷锋＝2＞
不是丁做的	＜雷锋＝4＞不成立

接下来,构建一个循环结构,依次从1～4列举出"雷锋"是谁,然后判断如果上述4个已知条件只有1个成立,则找到该问题的答案。这时查看"雷锋"变量的值,就可以知道是谁做的好事。

程序清单

根据上述算法,编写程序求解答案,该程序清单见图9-8。

单击绿旗运行程序,得到答案：学雷锋做好事的人是甲。

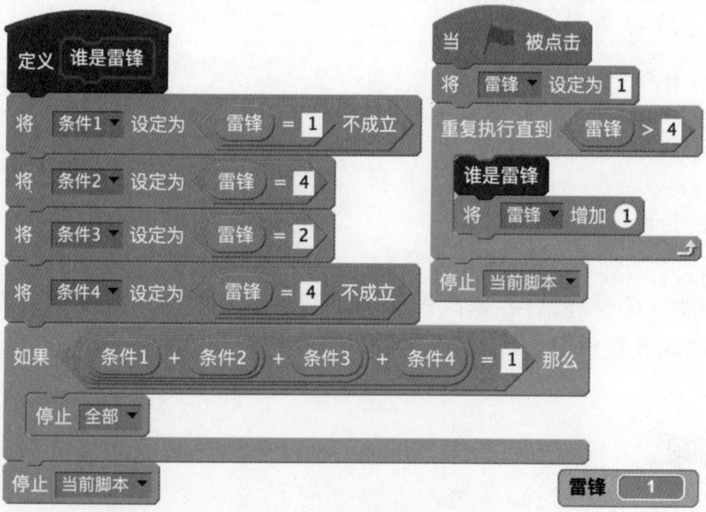

图 9-8 "谁是雷锋"程序清单

✎ 试一试

假设甲说:"这件好事不是丙做的。"那么请问是谁做的好事?

9.9 诚实族和说谎族

🔍 问题描述

诚实族和说谎族是来自两个荒岛的不同民族,诚实族的人永远说真话,而说谎族的人永远说假话。谜语博士是个聪明的人,他要来判断所遇到的人是来自哪个民族的。

谜语博士遇到三个人,知道他们可能是来自诚实族或说谎族的。为了调查这三个人是什么族的,博士问他们:"你们是什么族?"

第一个人答:"我们之中有两个来自诚实族。"

第二个人说:"不要胡说,我们三个人中只有一个是诚实族的。"

第三个人听了第二个人的话后说:"对,就是只有一个诚实族的。"

根据他们的回答,请判断他们分别是哪个族的?

❓ 编程思路

假设三个人分别为 A、B、C,其值为 0 表示说谎,其值为 1 表示诚实。根据题目中三人对话的内容,可以用逻辑表达式来描述,见表 9-9。每个人的两个表达之间是"或"的关系,而三个人之间是"与"的关系。

表 9-9 "诚实族和说谎族"逻辑表达式

已 知 条 件	表 达 式
a说：有两个来自诚实族	<a=1>与<(a+b+c)=2> <a=0>与<<(a+b+c)=2>不成立>
b说：只有一个是诚实族	<b=1>与<(a+b+c)=1> <b=0>与<<(a+b+c)=1>不成立>
c说：只有一个是诚实族	<c=1>与<(a+b+c)=1> <c=0>与<<(a+b+c)=1>不成立>

接下来，构建一个循环结构，依次用 0 和 1 两个值列举出三人说真话或假话，然后判断如果上述表达式成立，则找到该问题的答案。这时查看三人变量的值，就可以知道他们是哪个民族。

程序清单

根据上述算法，编写程序求解答案，该程序由主程序（见图 9-9）和"判断诚实族和说谎族"模块（见图 9-10）组成。

图 9-9 "诚实族和说谎族"主程序

图 9-10 "判断诚实族和说谎族"模块

单击绿旗运行程序，得到答案：三人都是说谎族。

谜语博士继续前行又遇到四个人,知道他们可能是来自诚实族和说谎族的。为了调查这四个人是什么族的,博士照例进行询问:"你们是什么族的?"

第一人说:"我们四人全都是说谎族的。"

第二人说:"我们之中只有一人是说谎族的。"

第三人说:"我们四人中有两人是说谎族的。"

第四人说:"我是诚实族的。"

请问自称是"诚实族"的第四个人是否真是诚实族的?

9.10 谁在说谎

问题描述

张三说李四在说谎,李四说王五在说谎,王五说张三和李四都在说谎。

现在问:这三人中到底谁说的是真话,谁说的是假话?

编程思路

根据题意,把三人说的内容转换成逻辑表达式,见表9-10。用0表示假话,用1表示真话。因为三人说的可能是真话或假话,所以每人的话用两个表达式来描述。

表9-10 "谁在说谎"逻辑表达式

已 知 条 件	表 达 式
张三说李四在说谎	<张三=0>与<李四=1> <张三=1>与<李四=0>
李四说王五在说谎	<李四=1>与<王五=0> <李四=0>与<王五=1>
王五说张三和李四都在说谎	<王五=1>与<(张三+李四)=0> <王五=0>与<<(张三+李四)=0>不成立>

接下来,构建一个循环结构,依次用0和1两个值列举三个人说的是真话或假话,然后判断如果上述表达式成立,则找到该问题的答案。这时查看三个人变量的值,就可以知道他们是否在说谎。

程序清单

根据上述算法,编写程序求解答案,该程序由主程序(见图9-11)和"判断真假"模块(见图9-12)组成。

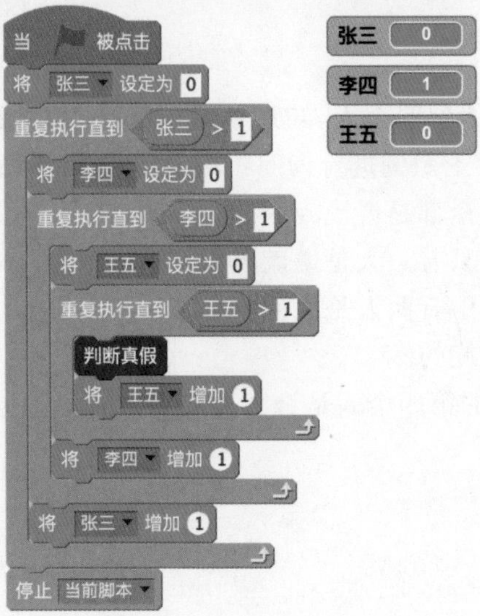

图 9-11 "谁在说谎"主程序

图 9-12 "判断真假"模块

单击绿旗运行程序,得到答案:张三说假话,李四说实话,王五说假话。

试一试

张三说李四在说谎,李四说王五在说谎,王五说张三在说谎。假设他们三人中只有一人说的是真话,那么请问谁说的是真话,谁说的是假话?

9.11 黑与白

有 A、B、C、D、E 五人,每人额头上都贴了一张或黑或白的纸。五人对坐,每人都可以看到其他人额头上纸的颜色。五人相互观察后说了下面这些话。

A 说:"我看见有三人额头上贴的是白纸,一人额头上贴的是黑纸。"

B 说:"我看见其他四人额头上贴的都是黑纸。"

C 说:"我看见一人额头上贴的是白纸,其他三人额头上贴的是黑纸。"

D 说:"我看见四人额头上贴的都是白纸。"

E 什么也没说。

现在已知额头上贴黑纸的人说的都是谎话,额头贴白纸的人说的都是实话。请问这五人谁的额头贴白纸,谁的额头贴黑纸?

 编程思路

根据题意,把 A、B、C、D 四个人所说内容转换为逻辑表达式,见表 9-11。用 0 表示黑色,1 表示白色。因为四个人说的可能是谎话或实话,所以每人的话用两个表达式来描述。

表 9-11 "黑与白"逻辑表达式

已 知 条 件	表 达 式
A 看见有三人额头上贴的是白纸,一人额头上贴的是黑纸	<a=1>与<(b+c+d+e)=3> <a=0>与<<(b+c+d+e)=3>不成立>
B 看见其他四人额头上贴的都是黑纸	<b=1>与<(a+c+d+e)=0> <b=0>与<<(a+c+d+e)=0>不成立>
C 看见一人额头上贴的是白纸,其他三人额头上贴的是黑纸	<c=1>与<(a+b+d+e)=1> <c=0>与<<(a+b+d+e)=1>不成立>
D 看见四人额头上贴的都是白纸	<d=1>与<(a+b+c+e)=4> <d=0>与<<(a+b+c+e)=4>不成立>

接下来,构建一个循环结构,依次用 0 和 1 两个值列举 5 个人额头上贴纸的颜色,然后判断如果上述表达式成立,则找到该问题的答案。这时查看 5 个变量的值,就可以知道他们各自额头上贴纸的颜色。

 程序清单

根据上述算法,编写程序求解答案,该程序由主程序(见图 9-13)和"判断黑白"模块(见图 9-14)组成。

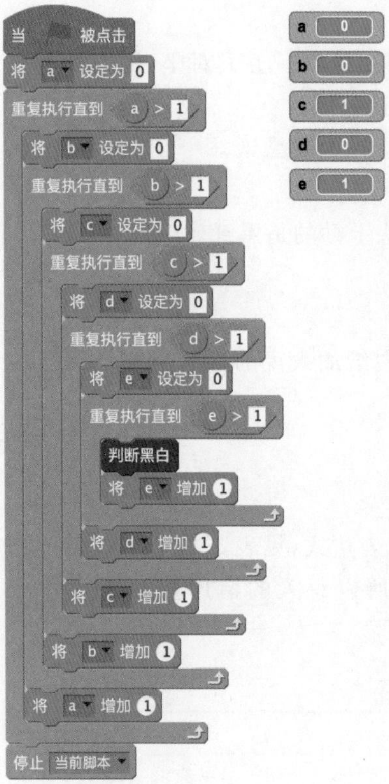

图 9-13 "黑与白"主程序 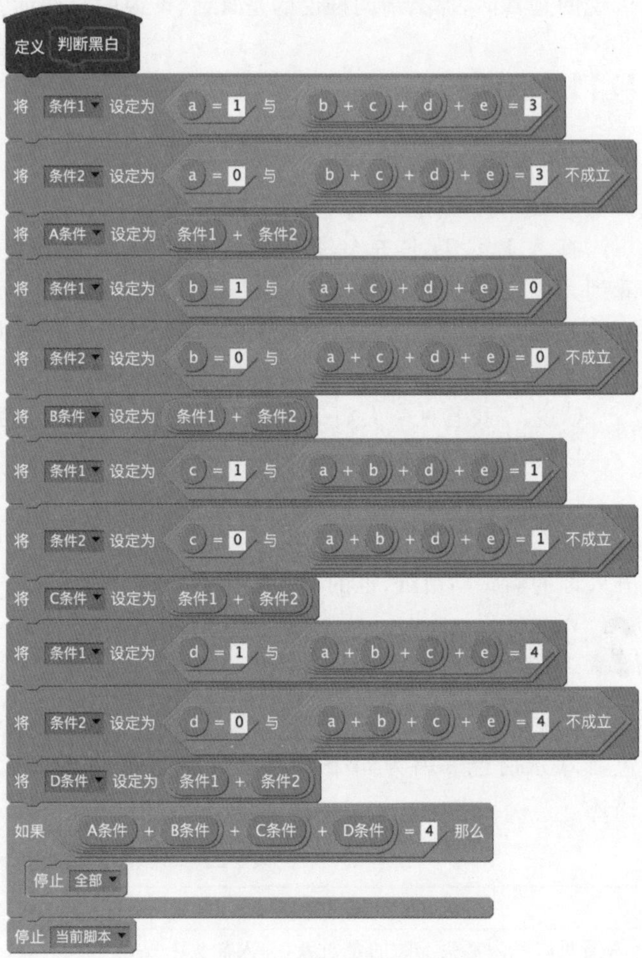　　　　图 9-14 "判断黑白"模块

单击绿旗运行程序,得到答案：A 是黑色,B 是黑色,C 是白色,D 是黑色,E 是白色。

试一试

假设 D 说："我看见一个人额头上贴的是白纸。"那么请问这五人谁的额头贴白纸,谁的额头贴黑纸?

9.12 区分旅客国籍

问题描述

在一个旅馆中住着 6 个不同国籍的人,他们分别来自美国、德国、英国、法国、俄罗斯和意大利,他们的名字叫 A、B、C、D、E 和 F,名字的顺序与上面的国籍不一定是相互对应的,已知条件如下：

（1）A 和美国人是医生。

（2）E 和俄罗斯人是教师。

（3）C 和德国人是技师。

（4）B 和 F 曾经当过兵，而德国人从未参过军。

（5）法国人比 A 年龄大，意大利人比 C 年龄大。

（6）B 同美国人下周要去西安旅行，而 C 同法国人下周要去杭州度假。

根据上述已知条件，请你说出 A、B、C、D、E 和 F 各是哪国人？

 编程思路

根据题意，通过对题目中 6 个已知条件进行分析，整理得到如下 5 个条件：

（1）A 不是美国人，不是俄罗斯人，不是德国人，不是法国人。

（2）E 不是俄罗斯人，不是美国人，不是德国人。

（3）C 不是德国人，不是法国人，不是美国人，不是俄罗斯人，不是意大利人。

（4）B 不是美国人，不是德国人。

（5）F 不是德国人。

为了便于编程，把上述 5 个条件稍作整理，并把 6 个国家编号：美国 1、德国 2、英国 3、法国 4、俄罗斯 5、意大利 6，然后把已知条件用逻辑表达式描述，见表 9-12。

表 9-12 "区分旅客国籍"表达式

已 知 条 件	表 达 式
A 是英国人或意大利人	$<a=3>$ 或 $<a=6>$
B 不是美国人，不是德国人	$<<b=1>$ 不成立$>$ 与 $<<b=2>$ 不成立$>$
C 是英国人	$<c=3>$
E 是英国人或法国人或意大利人	$<e=3>$ 或 $<e=4>$ 或 $<e=6>$
F 不是德国人	$<f=2>$ 不成立

接下来，构建一个循环结构，依次从 1~6 列举各个旅客的国籍，然后判断如果 5 个已知条件成立，并且 6 个旅客的国籍不重复，则找到该问题的答案。这时查看 6 个旅客的变量的值，就可以知道他们各自的国籍。

 程序清单

根据上面介绍的算法，编写程序求解答案。该程序由一个主程序、"判断国籍"模块和"检查国籍重复"模块组成。

（1）"判断国籍"模块（见图 9-15）。该模块用于判断 5 个已知条件是否成立，同时检查 6 个旅客的国籍是否重复。如果满足这两项，则找到本问题的答案。

（2）"检查国籍重复"模块（见图 9-16）。该模块对 6 个旅客的国籍进行检查。6 个旅客的国籍是一个 6 位数的数字串。我们从左到右依次使用这个字符串的每一位与其他位进行比较，如果没有重复的情况，则将变量"不重复"设置为 1。否则，该变量的值为 0。

（3）主程序（见图 9-17）。这里使用循环结构列举 6 个旅客的国籍，并调用"判断国籍"模块来求解本问题的答案。

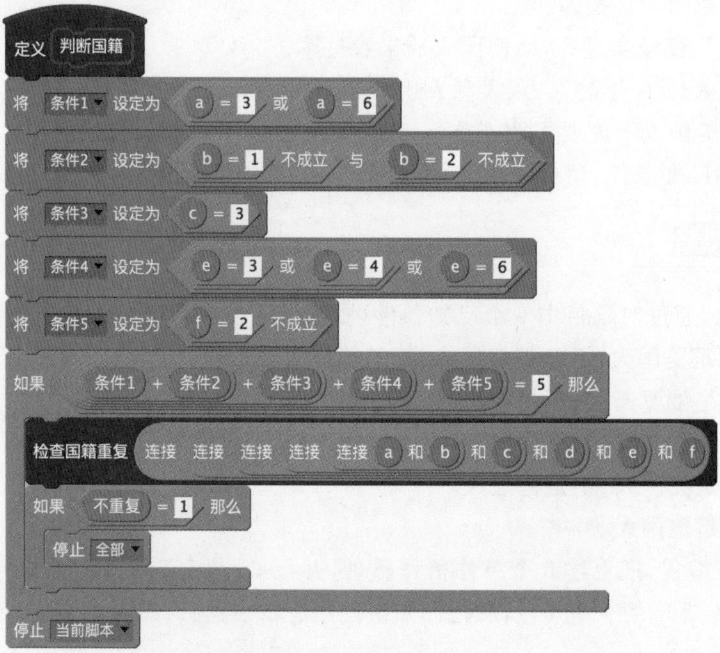

图 9-15 "判断国籍"模块

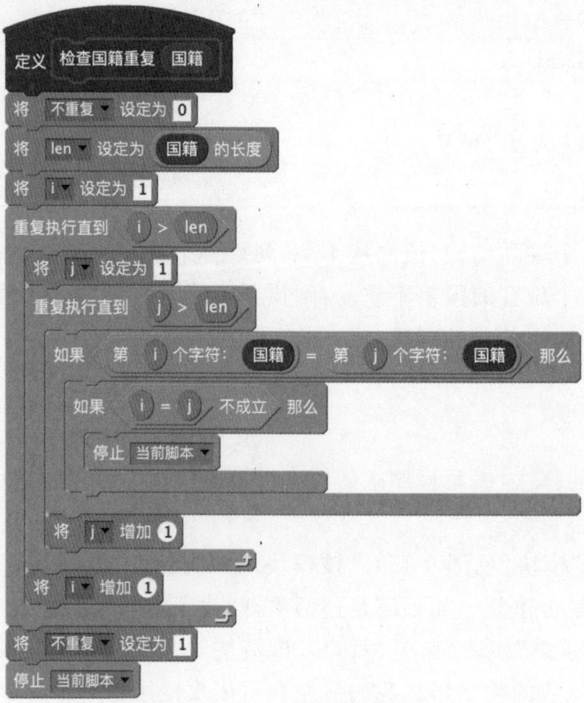

图 9-16 "检查国籍重复"模块

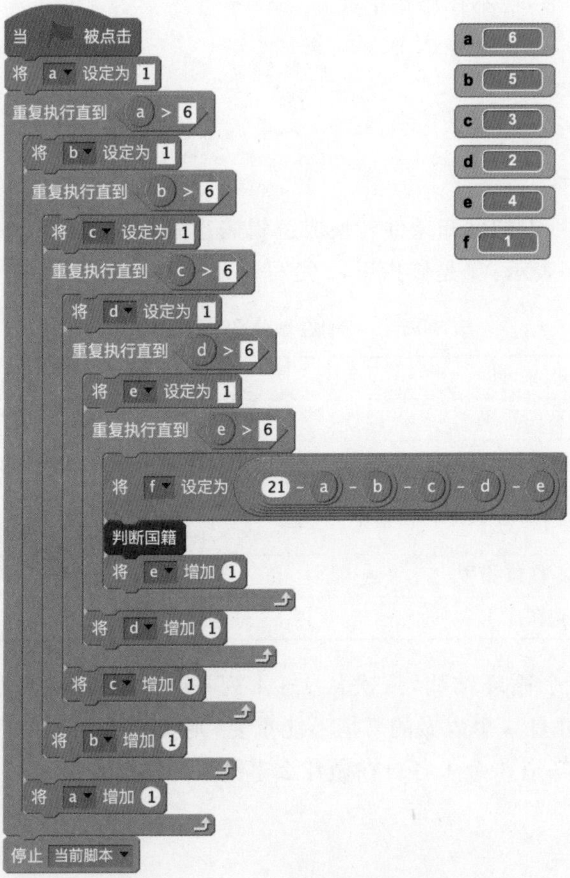

图 9-17　"区分旅客国籍"主程序

单击绿旗运行程序,得到答案:A 是意大利人,B 是俄罗斯人,C 是英国人,D 是德国人,E 是法国人,F 是美国人。

试一试

不用编程,是否能在纸上把这个问题推理出来?

9.13　她们在做什么

问题描述

住在某个旅馆同一房间的四个人 A、B、C、D 正在听一组流行音乐,她们中有一个人在修指甲,一个人在写信,一个人躺在床上,另一个人在看书。现在已知信息如下:

(1) A 不在修指甲,也不在看书。

(2) B 不躺在床上,也不在修指甲。

(3) 如果 A 不躺在床上,那么 D 不在修指甲。

109

（4）C 既不在看书，也不在修指甲。

（5）D 不在看书，也不躺在床上。

请问她们各自在做什么？

 编程思路

根据题意，把题目中的已知条件转换成逻辑表达式，见表 9-13。把 A、B、C、D 4 个人做的事情分别用数字表示：1 是修指甲，2 是写信，3 是躺在床上，4 是看书。

表 9-13　"她们在做什么"逻辑表达式

已 知 条 件	表 达 式
A 不在修指甲，也不在看书	＜＜a＝1＞不成立＞与＜＜a＝4＞不成立＞
B 不躺在床上，也不在修指甲	＜＜b＝1＞不成立＞与＜＜b＝3＞不成立＞
如果 A 不躺在床上，那么 D 不在修指甲	＜a＝3＞与＜d＝1＞ ＜＜a＝3＞不成立＞与＜＜d＝1＞不成立＞
C 既不在看书，也不在修指甲	＜＜c＝1＞不成立＞与＜＜c＝4＞不成立＞
D 不在看书，也不躺在床上	＜＜d＝3＞不成立＞与＜＜d＝4＞不成立＞

接下来，构建一个循环结构，依次从 1～4 列举 4 个人在做的事情，然后判断如果 5 个已知条件成立，并且 4 个人做的事情不能重复，则找到该问题的答案。这时查看 4 个人变量的值，就可以知道 4 个人各自在做什么事情。

 程序清单

根据上面介绍的算法，编写程序求解答案。该程序由一个主程序、"判断做事"模块和"判断不重复"模块组成。

（1）"判断做事"模块（见图 9-18）。该模块检查本问题中的 5 个已知条件是否都成立。

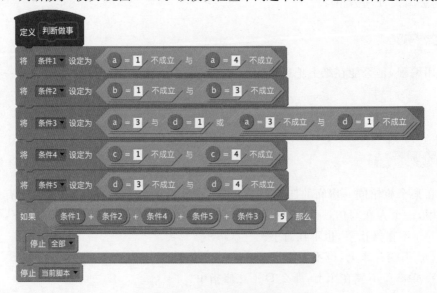

图 9-18　"判断做事"模块

（2）"判断不重复"模块（见图 9-19）。该模块用于检查 4 个人做的事情是否重复。

（3）主程序（见图 9-20）。这里使用循环结构列举 4 个人做的事情，并调用"判断不重复"模块检查 4 个人做的事情。如果 4 个人做的事情各不相同，再调用"判断做事"模块求解本问题的答案。

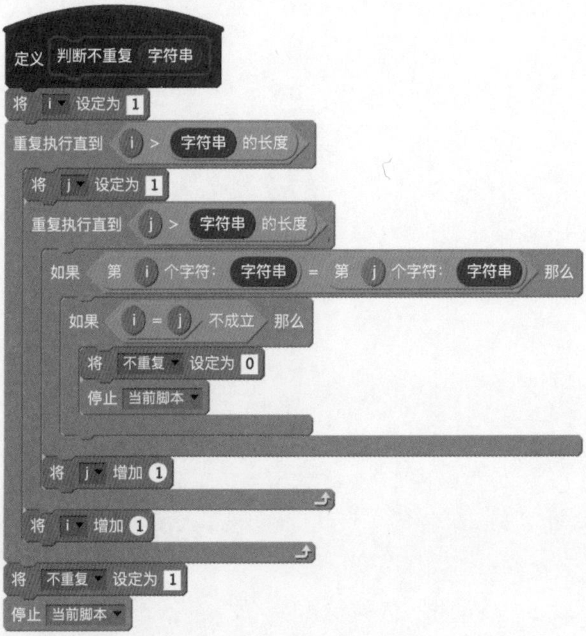

图 9-19 "判断不重复"模块

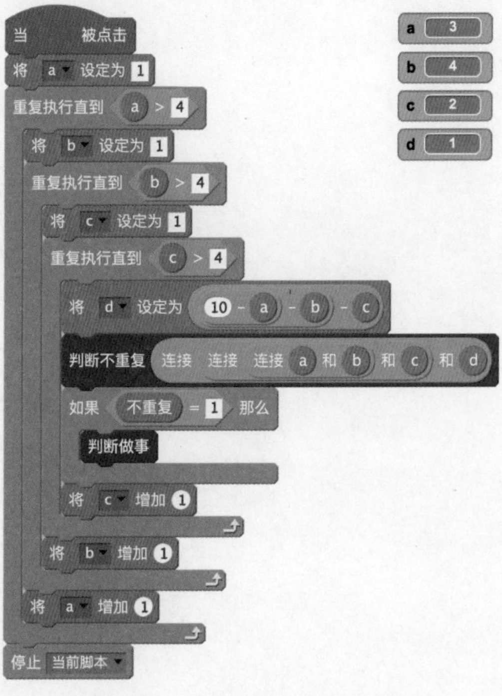

图 9-20 "她们在做什么"主程序

单击绿旗运行程序,得到答案：A 躺在床上,B 在看书,C 在写信,D 在修指甲。

 试一试

不用编程,是否能在纸上把这个问题推理出来?

第 10 章　数　学　游　戏

<<<

很多人都听说过吉普赛人的水晶球读心术,这个古老而神秘的读心术,它能看透你的心思,读出你心里所想,这让人感到非常神奇。其实,这个神奇的读心术是运用数学原理设计出来的数学游戏。

像读心术这样的数学游戏有很多,人们在游戏过程中需要运用计算或逻辑推理的方法来解题。数学游戏既是一种智力游戏,也是一种休闲娱乐的趣味游戏。数学游戏将数学原理蕴含在游戏中,让人们在做游戏的过程中学到数学知识、数学方法和数学思想。数学游戏是数学之美的一种游戏化呈现,它让人们能感受到数学原来并非那样枯燥乏味、晦涩难懂,数学原来就藏身于人们喜闻乐见的各种趣味休闲游戏中。

我国数学家华罗庚曾说过:"就数学本身而言,是壮丽多彩、千姿百态、引人入胜的……认为数学枯燥乏味的人,只是看到了数学的严谨性,而没有体会出数学的内在美。"

本章将向读者介绍一些有趣的数学游戏,并将它们编写成人机互动的数学游戏程序,内容如下:

◇ 吉普赛读心术
◇ 算术板球游戏
◇ 骰子赛车
◇ 十点半
◇ 抢十八
◇ 常胜将军
◇ 汉诺塔
◇ 兰顿蚂蚁

10.1　吉普赛读心术

问题描述

据说吉普赛人会一种古老的读心术,通常是这样设计和表演的。

先让游戏参与者从 10～99 任意选择一个数,再用这个数依次减去它的十位和个位上的数得到一个新数(比如你选的数是 28,则 $28-2-8=18$)。然后把这个新数作为编号在一个由图形符号组成的图表中找到对应的图形,并把这个图形记在心里,接着询问水晶球

或表演者。你会发现，水晶球或表演者会准确地说出你心里记下的那个图形，犹如能读懂你的内心一样。

其实，这是一个利用数学规律巧妙设计的数学游戏。参与游戏的人要对自己选择的数作一个运算，就是把 10～99 的任意一个整数减去它的十位和个位上的数。这个运算的结果数字是 9、18、27、36、45、54、63、72、81 中的任意一个，它们都是 9 的倍数。同时，在图表中会在这些数字对应的位置放上相同的图形。参与游戏的人要找到与自己所选数字的运算结果对应的图形，并记在心里。由于每次运算的结果都是固定的 9 个数，而且图表中对应的图形都是一样的，所以水晶球或表演者每次都能"读心"成功。

 ## 编程思路

这个人机互动的读心术游戏的核心是动态生成图形表。为了便于编程，使用 26 个大写的英文字母来代替图形。创建一个由 100 个英文字母组成的列表，并在列表中 9 的倍数的位置放上一个固定的英文字母。这样就得到了一个读心术游戏的图表。使用一个"生成读心术图表"模块来实现这个功能，见图 10-1。

在读心术游戏开始时，我们要显示游戏的规则，引导参与者进行正确运算，并找到图表中对应的英文字母。同时还生成读心术图表。入口程序代码见图 10-2。

游戏规则的描述为："从 10～99 任选一个数，用这个数分别减去它的十位和个数上的数字。如你选择 68，那就用 68－6－8＝54。然后在字母表中找到 54 对应的字母，并记在心里。然后点我一下，我就能说出你心里想的。"

当游戏参与者在图表中找到英文字母并记在心里后，就可以单击舞台上的角色，这时该角色就会说出参与者心里记下的字母。程序代码见图 10-3。

图 10-1 "生成读心术图表"模块

图 10-2 "读心术"入口程序

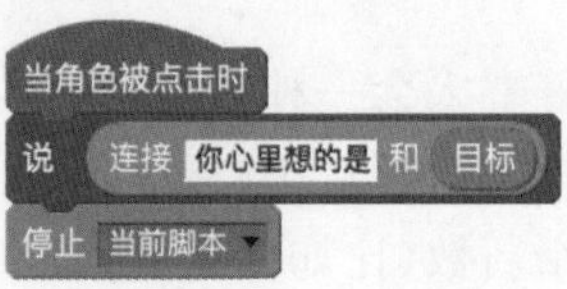

图 10-3 显示参与者心想的字母

程序清单

"读心术"程序的运行画面如图 10-4 所示,按屏幕提示操作即可。

图 10-4　"读心术"程序运行画面

 试一试

找小伙伴一起玩这个"神奇"的吉普赛读心术,给小伙伴一个惊喜吧!

10.2　算术板球游戏

问题描述

算术板球游戏是一个两人玩的游戏,目的是练习估算答案的能力。

由一人(击球手)出计算题,另一人(投手)估算答案,然后再计算出正确答案与估计值的差。这个差就是击球手的得分。

在游戏进行之前应该视两人的能力规定适当的出题方式,使正确答案与估计值的差不会太离谱。例如,可以限制题目为两位数的乘法运算。在一局游戏中击球手出 10 道计算题,投手则尽可能估计出正确答案以减少击球手的分数。一局结束后,两人互换角色,累积得分最高者获胜。

可以将题目和估计值整理如下,以便计算分数。

题目	估计值	正确答案	得分
23×47	1000	1081	81
38×57	2200	2166	34
71×29	2100	2059	41

......

刚开始得分可能会是天文数字，但是随着估算技巧的进步，得分会逐渐降低，这也是该游戏所要引导产生的结果。

这是一个很有趣的游戏，快找小伙伴挑战一下吧！

 编程思路

下面把这个游戏设计为人机对战的游戏程序，使一个人也能玩。把击球手由计算机代替，由计算机负责出题，每局 10 道题，玩家则以投手身份参与答题，最后根据得分来评定玩家的运算能力，得分越低则运算能力越强。

 程序清单

该程序清单见图 10-5。

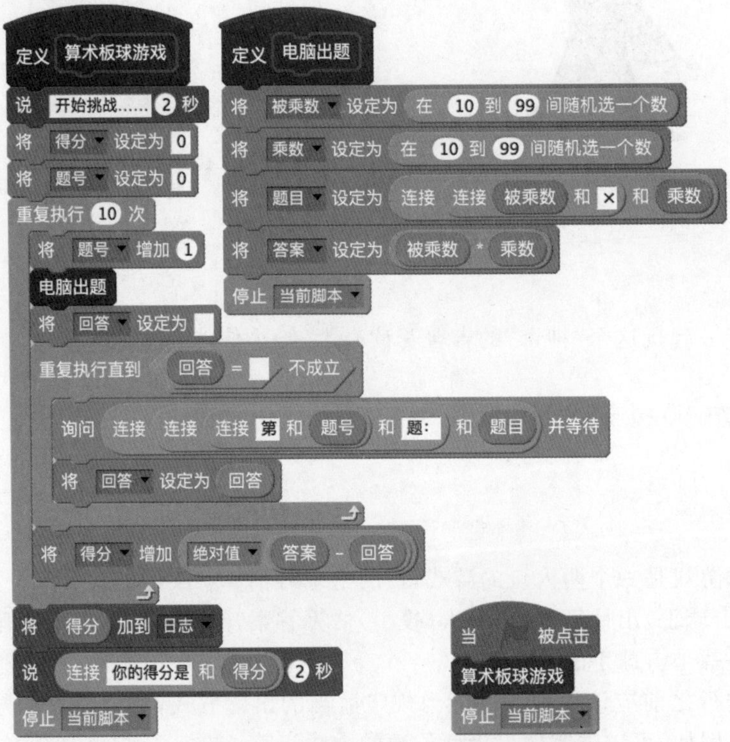

图 10-5　"算术板球游戏"程序清单

单击绿旗运行程序，回答屏幕上显示的运算题，最后得分会显示在"日志"列表中。

试一试

玩一玩算术板球游戏，挑战一下自己的运算能力吧！

10.3　骰子赛车

问题描述

骰(tóu)子又叫色(shǎi)子。它是一个正立方体,有 6 个面,这些面分别有 1～6 个点,其相对两面的数字之和都是 7。利用骰子,我们可以玩一个有趣的骰子赛车游戏。

这个游戏的规则:由两名玩家参与游戏,分为 A、B 两队,A 队以骰子的 5、6、7、8、9 点为幸运数字,B 队以骰子的 2、3、4、10、11、12 为幸运数字。游戏时,两个玩家同时各投掷一枚骰子,当骰子之和是哪一队的幸运数字时,则该队的赛车就前进一格;赛车先到达终点的一队获胜。

这个游戏比较简单,你可以找两个骰子和两辆玩具小赛车,然后跟小伙伴玩这个骰子赛车游戏。建议你选择 A 队,这样赢的机会更大哦!

编程思路

可以编写程序模拟这个赛车游戏,A、B 两队分别使用两个变量"赛车 A"和"赛车 B"表示。程序中模拟两个玩家投掷 100 次骰子,最后根据两个变量赛车 A 和赛车 B 的值来判断胜负,以值大者为胜。

程序清单

该程序比较简单,程序清单见图 10-6。

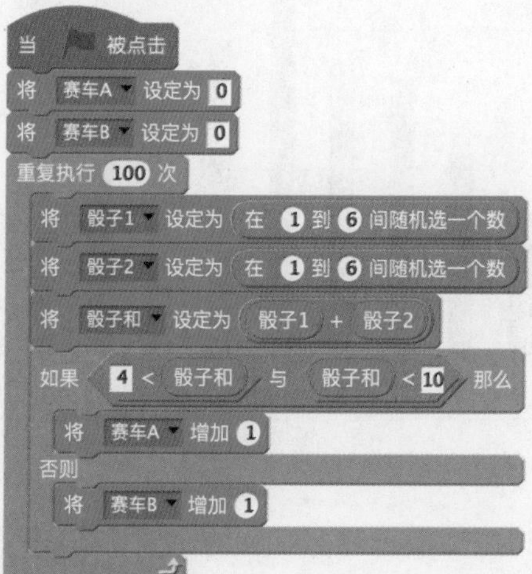

```
当 🚩 被点击
将 赛车A ▼ 设定为 0
将 赛车B ▼ 设定为 0
重复执行 100 次
    将 骰子1 ▼ 设定为 在 1 到 6 间随机选一个数
    将 骰子2 ▼ 设定为 在 1 到 6 间随机选一个数
    将 骰子和 ▼ 设定为 骰子1 + 骰子2
    如果 4 < 骰子和 与 骰子和 < 10 那么
        将 赛车A ▼ 增加 1
    否则
        将 赛车B ▼ 增加 1
停止 当前脚本 ▼
```

图 10-6　"骰子赛车"程序清单

单击绿旗运行程序,最后赛车 A 获胜。多试几次,依然是赛车 A 获胜。

✎ 试一试

为什么 A 队的幸运数字比 B 队的少 1 个，反而获胜的机会比 B 队大呢？

下面编写程序探究一下两个骰子之和出现的规律。该程序的代码见图 10-7。

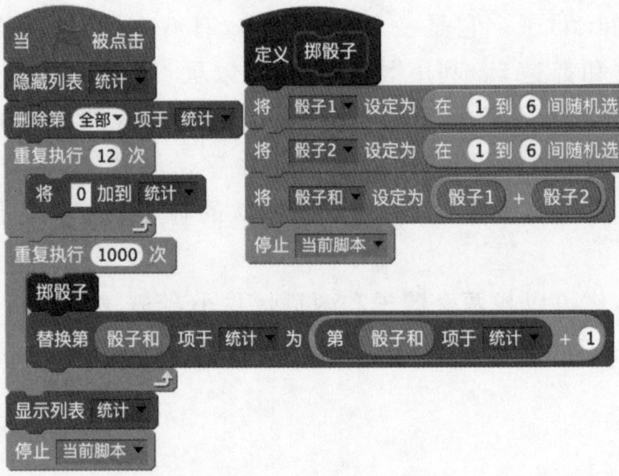

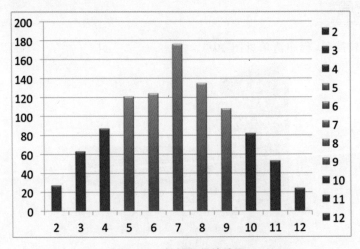

图 10-7　投掷骰子统计程序

该程序模拟投掷骰子 1000 次，并统计出两个骰子之和各自出现的次数。将这些数据制成图表，如图 10-8 所示。

图 10-8　投掷骰子统计图

通过图 10-8 可以发现，两个骰子之和 7 出现的次数最多，以 7 为中点，往左右两边逐渐减少。A 队的幸运数字为该图中的红柱部分，B 队的幸运数字为蓝柱部分。很明显，红柱部分的幸运数字出现的次数是最多的，这是为什么选择 A 队能获胜的原因。

如果把 A 队的幸运数字 9 给 B 队，那么 A 队还能获胜吗？

10.4　十点半

　　十点半是一种比较流行的扑克纸牌游戏,基本玩法:由 2～4 个人玩,游戏者的目标是使手中牌的点数之和在不超过十点半的情况下尽量大。

　　该游戏使用一副含大小王的 54 张牌,人牌有大小王、J、Q、K 共 14 张,算半点;点牌有 A、2、3、4、5、6、7、8、9、10 共 40 张,其中 A 为 1 点,其他牌为本身的点数。

　　设计一个由人和计算机两个玩家玩的十点半游戏。先由玩家要牌,在玩家停牌后,轮到计算机要牌。要牌时,无论是玩家还是计算机,当总点数超过 10.5 时将不能再要牌。等计算机停牌之后,比较双方点数决定输赢。

编程思路

　　“十点半”游戏程序由主程序、“洗牌”“发牌”“玩家要牌”“计算机要牌”“判断输赢”和“显示结果”模块组成。

　　主程序负责调用其他各个模块。首先调用的是“洗牌”模块,该模块将 54 张牌代表的点数放入一个名为“纸牌”的列表。然后使用“发牌”模块在“纸牌”列表中随机抽取,用来模拟发牌行为。该程序代码见图 10-9。

　　玩家要牌时,按 Y 键请求发牌,按 N 键停牌。玩家可以连续要牌,当玩家的总点数等于或大于 10.5 时,会自动停牌。玩家停牌后,轮到计算机要牌。当计算机的点数小于 10.5 时可以连续要牌,并且在点数大于 8 时会随机选择停牌。随机概率为30%,你也可以调整这个概率,使计算机采用保守或激进的要牌策略。该程序代码见图 10-10。

　　在玩家和计算机停牌后,根据双方点数判断输赢。判断胜负的逻辑如下:

　　(1) 如果双方点数相等则为平局。

　　(2) 如果某一方的点数等于 10.5 时则胜出。

　　(3) 如果双方同时大于 10.5 或小于 10.5 时,点数大的一方胜出;否则,点数小的胜出。

　　在判断玩家或计算机输赢时,将计算机设定为默认的赢家,即将变量“结果”的值设为2。在判断过程中发现如果玩家取胜,则将变量“结果”的值修改为 1;否则将保持变量“结果”的值不变。

　　最后根据判断结果显示玩家或计算机的输赢情况。该程序代码见图 10-11。

　　单击绿旗运行程序,按照屏幕提示进行“十点半”游戏即可。

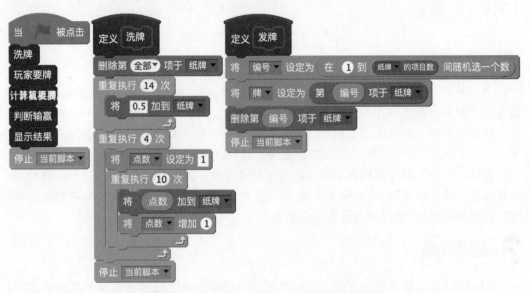

图 10-9 "十点半"主程序、"洗牌"和"发牌"模块

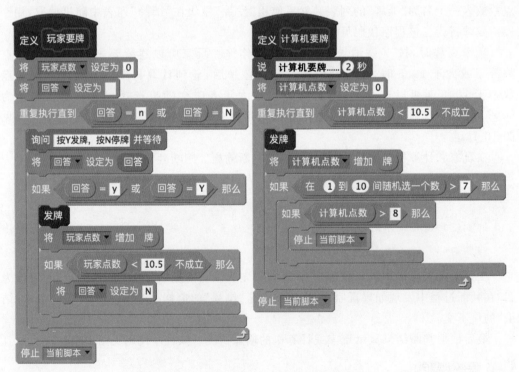

图 10-10 "玩家要牌"和"计算机要牌"模块

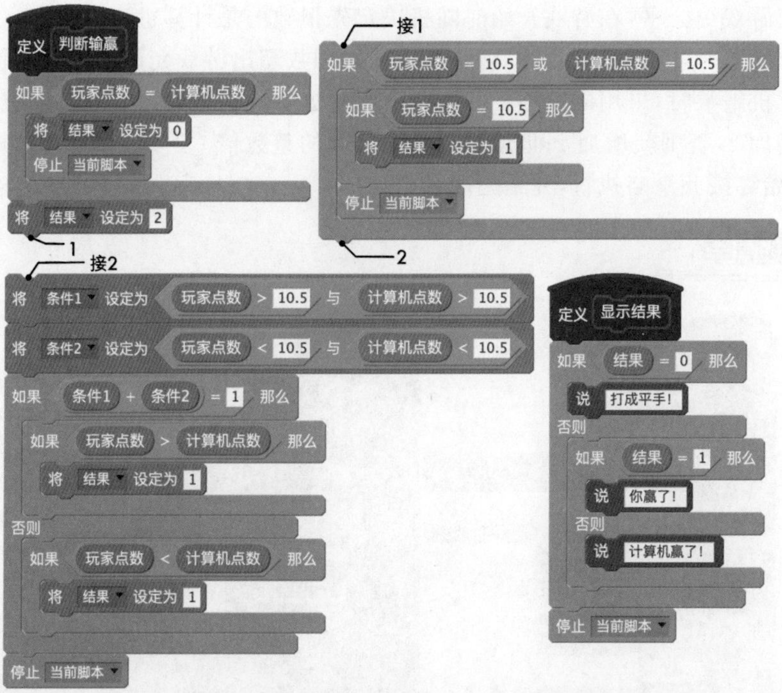

图 10-11 "判断输赢"和"显示结果"模块

试一试

挑战一下计算机，看看谁赢的次数多？

10.5 抢十八

问题描述

"抢十八"是我国民间一直流传的一个数学游戏，它的游戏规则：参与游戏的两人从 1 开始轮流报数，每人每次可以报 1 个数或 2 个连续的数，谁先报到 18，谁就获胜。

请你想一想，如果你要取胜，应该怎么报数？

该游戏对后报数者有优势，取胜策略是后报数者只要使自己的报数为 3 的整数倍，就可以最终取胜。

如果对方不愿意先报数，但对方不知道这个策略，那么我们要在报数过程中利用对方的失误，尽早抢到 3 的倍数，并使剩下的数是 3 的倍数，才能确保取胜。

编程思路

"抢十八"游戏程序由主程序、"玩家报数"模块（见图 10-12）、"计算机报数"模块（见图 10-13）组成。

为了使游戏更公平,在游戏开始时随机决定先报数的是计算机还是玩家。

在玩家报数时,须做一些检测,防止玩家输入的数超出游戏允许的范围。

在计算机报数时,采用的策略:在每次报数时如果剩下的数差2能被3整除,那么本次报数就增加2,否则就增加1;也就是尽量抢到3的整数倍。所以,如果计算机是后报数的一方,会始终按此策略执行,并最终取胜。

 程序清单

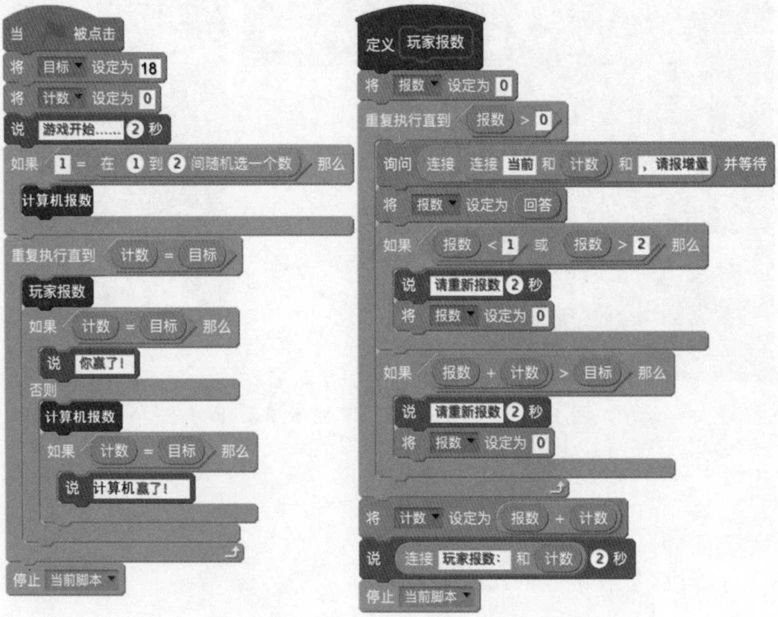

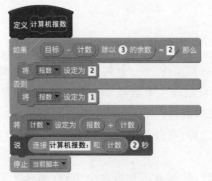

图 10-12　"抢十八"游戏主程序和"玩家报数"模块

图 10-13　"计算机报数"模块

单击绿旗运行程序,按照屏幕提示进行"抢十八"游戏即可。

试一试

如果你是后报数的一方,只要坚持按取胜策略报数,就一定能取胜。请你试一试!

10.6 常胜将军

 问题描述

这里要编写的是一个人机对战的取火柴数学游戏。假设有 n 根火柴,玩家和计算机轮流取,每次取走的火柴数量不能超过 m 根,至少取一根,取到最后一根火柴者为输家。由于每次取走火柴前都需要进行数学运算,计算机通常都能胜利,是"常胜将军"。

编程思路

游戏开始时,计算机提示玩家输入火柴总数 n 和每次允许取走的火柴的最大数量 m。首先从玩家开始,在玩家输入要取走的火柴数量后,计算机提示剩余多少火柴;然后轮到计算机操作,提示计算机取走多少根火柴和剩余多少火柴。双方轮流取火柴直到最后一根火柴被取走为止。最后计算机会提示谁输谁赢。

该游戏的最佳操作策略:$x=(n-1)\%(m+1)$,%表示取余数运算。

计算机要保持"常胜将军"的地位,按上述公式计算每次取走火柴的数量 x;如果 $x=0$,则取 1。在玩家或计算机每次取走火柴后,n 值会减少。

玩家每次取火柴时,要进行限制,即 $1 \leqslant x$ 与 $x \leqslant m$ 与 $x \leqslant n$。也就是每次取火柴的数量为 $1 \sim m$,并且不能超过剩余火柴总数 n。

 程序清单

按照上述算法编写"常胜将军"游戏程序,该游戏程序由主程序、"设定参数"模块(见图 10-14)、"计算机操作"模块(见图 10-15)和"玩家操作"模块(见图 10-16)组成。

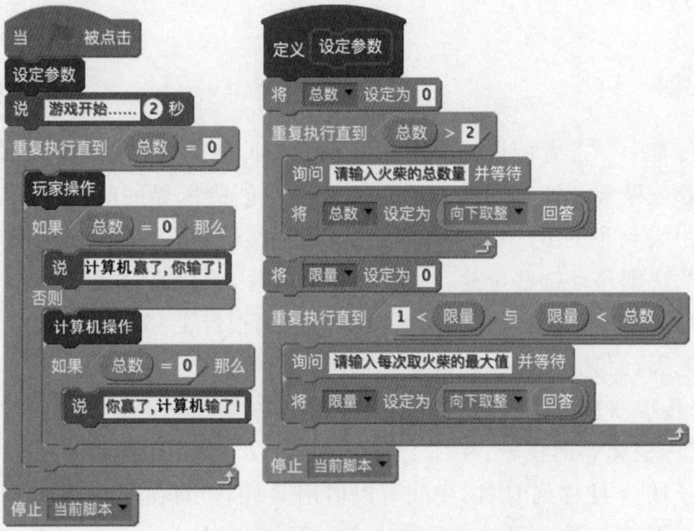

图 10-14 "常胜将军"主程序和"设定参数"模块

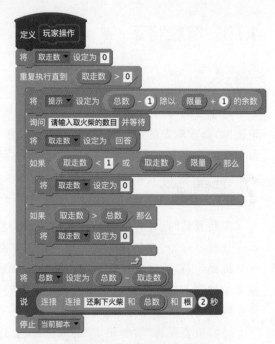

图 10-15 "计算机操作"模块　　图 10-16 "玩家操作"模块

单击绿旗运行程序,按照屏幕提示进行"常胜将军"游戏即可。

请你试一试,挑战一下计算机,看看谁才是常胜将军?

10.7 汉诺塔

问题描述

在印度流传着一个古老传说:相传在世界中心贝拿勒斯(在印度北部)的圣庙里,一块黄铜板上插着三根宝石针。印度教的主神梵天在创造世界的时候,在其中一根针上从下到上穿好了由大到小的 64 片金片,这就是所谓的汉诺塔。不论白天黑夜,总有一个僧侣在按照下面的法则移动这些金片:一次只移动一片,不管在哪根针上,小片必须在大片上面。僧侣们预言,当所有的金片都从梵天穿好的那根针上移到另外一根针上时,世界将在一声霹雳中湮灭,而梵塔、庙宇和众生也都将同归于尽。

后来,这个传说演变成了汉诺塔游戏。汉诺塔游戏的规则如下:

有 A、B、C 三根相邻的柱子,A 柱上有若干个大小不等的圆盘,大的在下,小的在上。要求把这些盘子从 A 柱移到 C 柱,中间可以借用 B 柱,但每次只许移动一个盘子,并且在移动过程中,3 个柱子上的盘子始终保持大盘在下,小盘在上。

请编写一个汉诺塔程序,输入给定的盘子数,求出将全部盘子从 A 柱移到 C 柱的步骤。

编程思路

设有 *n* 个盘子,则汉诺塔游戏的移动步骤如下:

(1) 把 1~(*n*−1)号盘由 C 柱中转,从 A 柱移到 B 柱。

(2) 把 *n* 号盘从 A 柱移到 C 柱。

(3) 把 1~(*n*−1)号盘由 A 柱中转,从 B 柱移到 C 柱。

程序清单

根据上述算法,编写程序求解汉诺塔的移动步骤,程序清单见图 10-17。

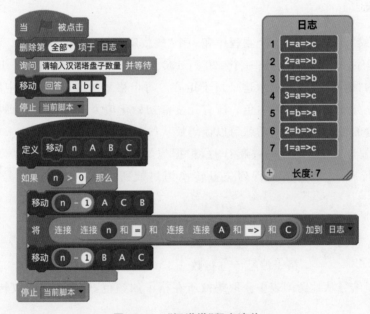

图 10-17　"汉诺塔"程序清单

单击绿旗运行程序,输入汉诺塔盘子数量:3,程序执行后,在 3 个盘子时汉诺塔游戏的移动步骤会记录到"日志"列表中。

试一试

找来一个"汉诺塔"玩具,然后按照上述程序给出的移动步骤验证其结果是否正确。

10.8　兰顿蚂蚁

**问题描述**

兰顿蚂蚁由克里斯·兰顿于 1986 年提出,属于细胞自动机的一种。它其实是一个零

玩家游戏，其游戏规则如下：

有一个无限大的二维平面，被分为无数个形状相同的格子。这些格子被涂成白色或黑色。在其中一格有一只"蚂蚁"，其初始朝向为上、下、左、右任意一方。这只蚂蚁会按照如下规则移动：如果蚂蚁脚下是白格，则左转90°，反转该格颜色为黑色后，向前移动一步；如果蚂蚁脚下是黑格，则右转90°，反转该格颜色为白色后，向前移动一步；如此循环。

虽然规则简单，但是蚂蚁的行为却十分复杂。刚刚开始时留下的路线似乎接近对称，像是会重复，但不论起始状态如何，蚂蚁经过漫长的混乱活动后，会开辟出一条规则的"高速公路"。

 编程思路

"兰顿蚂蚁"游戏程序由一个主程序和一个"蚂蚁爬行"模块组成。

(1) 主程序。在舞台上创建一个 120 行 160 列的格子矩阵，使用一个 19200 个元素（120×160）的"地图"列表来表示这个格子矩阵。每个格子对应一个列表中的元素，每个元素用 1 和 0 分别表示黑色和白色。所有元素都初始化值为 0。这样就为蚂蚁的爬行创造了一个空白的世界地图。然后就可以让蚂蚁从舞台中心（0,0）开始爬行。

(2) "蚂蚁爬行"模块。蚂蚁爬行时，根据蚂蚁在舞台上的平面坐标 (x, y) 转换为格子矩阵的行和列，然后再把行列位置转换为蚂蚁所在位置的格子编号。计算公式如下：

$$行 = (y 坐标 + 180) \div 格子大小$$
$$列 = (x 坐标 + 240) \div 格子大小$$
$$格子编号 = (行数 - 1) \times 列数 + 列数$$

根据格子编号从地图列表中获取蚂蚁所在格子的颜色，然后决定蚂蚁转向和改变格子颜色。

 程序清单

根据上述算法编写"兰顿蚂蚁"游戏程序，程序清单见图 10-18。

单击绿旗运行程序，蚂蚁在"混乱"爬行 1 万步之后，一条"高速公路"开始出现。

✎ **试一试**

如果将蚂蚁的起点设置在舞台边缘附近，那么蚂蚁需要爬行多少步才会出现"高速公路"？

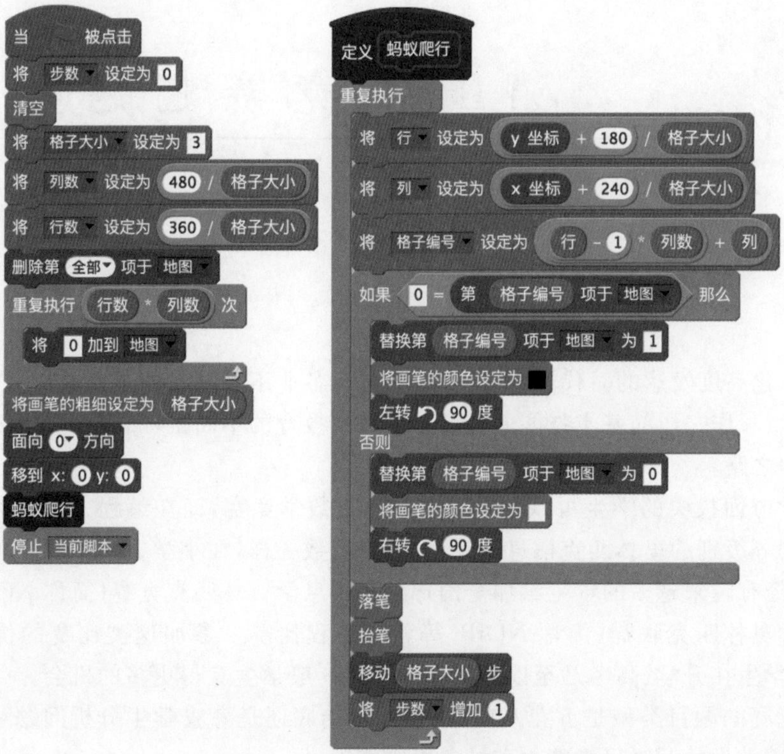

当 ▢ 被点击
将 步数▾ 设定为 0
清空
将 格子大小▾ 设定为 3
将 列数▾ 设定为 480 / 格子大小
将 行数▾ 设定为 360 / 格子大小
删除第 全部▾ 项于 地图▾
重复执行 行数 * 列数 次
　将 0 加到 地图▾
将画笔的粗细设定为 格子大小
面向 0▾ 方向
移到 x: 0 y: 0
蚂蚁爬行
停止 当前脚本▾

定义 蚂蚁爬行
重复执行
　将 行▾ 设定为 y 坐标 + 180 / 格子大小
　将 列▾ 设定为 x 坐标 + 240 / 格子大小
　将 格子编号▾ 设定为 行 - 1 * 列数 + 列
　如果 0 = 第 格子编号 项于 地图▾ 那么
　　替换第 格子编号 项于 地图▾ 为 1
　　将画笔的颜色设定为 ■
　　左转 ↺ 90 度
　否则
　　替换第 格子编号 项于 地图▾ 为 0
　　将画笔的颜色设定为 □
　　右转 ↻ 90 度
　落笔
　抬笔
　移动 格子大小 步
　将 步数▾ 增加 1

图 10-18　"兰顿蚂蚁"程序清单

第 11 章 　竞赛趣题

>>>

在信息化高度发达的时代,编程已经成为各行各业不可或缺的重要技能,在将来也会成为像阅读、写作一样的基本技能。随着国内信息教育的不断推广和普及,越来越多的学生踏上编程之路。

在数学方面拔尖的学生可以去参加奥林匹克数学竞赛,而在编程方面拔尖的学生也可以选择同等级别的奥林匹克信息学竞赛,它和奥数一样,在小学、初中和高中阶段都有。近年来,已经有越来越多的学生参加全国青少年信息学奥林匹克竞赛(简称 NOI)、全国青少年信息学奥林匹克联赛(简称 NOIP)等各类编程比赛。参加这类比赛的优势也很明显,它能让学生在升学、高考乃至以后择业方面比一般学生获得更多的机会。

编程竞赛的题目类型是五花八门的,但归根结底还是考查学生分析问题和解决问题的能力,培养学生的逻辑思维能力和抽象思维能力。

本章收录了一些各类编程竞赛中富有趣味、难度适中的题目,带领读者一起挑战这些妙趣横生的竞赛趣题,内容如下:

◇ 雯雯摘苹果
◇ 国王发金币
◇ 三色球问题
◇ 小鱼有危险吗
◇ 狐狸找兔子
◇ 龟兔赛跑
◇ 守望者的逃离
◇ 找零钱
◇ 饮料换购
◇ 复制机器人
◇ 猴子选大王
◇ 微生物增殖
◇ 石头剪刀布
◇ 古堡算式
◇ 拦截导弹

11.1　雯雯摘苹果

 问题描述

雯雯家的院子里有一棵苹果树,每到秋天,树上就会结出 10 个苹果。当苹果成熟的时候,雯雯就会跑去摘苹果。雯雯有个 30cm 高的板凳,当她不能直接伸手摘到苹果时,就会踩到板凳上去试一试。她每摘一个苹果需要力气 2 点,每次搬板凳需要力气 1 点。

现在已知 10 个苹果距离地面的高度(单位:cm)分别为 100、200、150、140、129、134、167、198、200、99,又知道雯雯把手伸直的时候能够达到的最大高度为 110cm,她摘苹果前的力气为 10 点。

假设雯雯碰到苹果,苹果就会掉下来,现在请你算一算,她能够摘到多少个苹果?

 编程思路

根据题意,用一个循环结构依次检查每一个苹果的高度,如果雯雯伸手能摘到苹果就将力气减 2 个点,并累计采摘数;如果雯雯站在凳子上能够摘到苹果就将力气减 3 个点,并累计采摘数。

 程序清单

根据上述算法,编写程序求解答案,该程序清单见图 11-1。

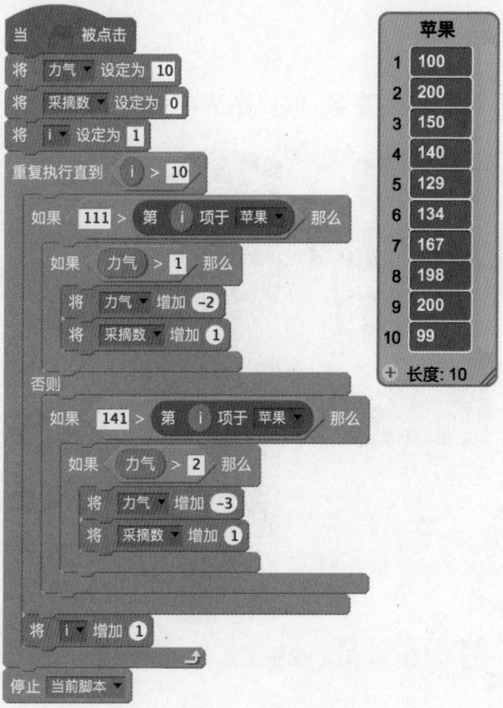

图 11-1　"雯雯摘苹果"程序清单

单击绿旗运行程序,得到答案:雯雯可以摘到 4 个苹果。

假设是雯雯的哥哥来摘苹果,他初始力气有 20 点,伸手的高度能达到 120cm;而其他条件不变。那么请问,雯雯的哥哥能摘到多少个苹果?

11.2 国王发金币

 问题描述

国王将金币作为工资,发放给忠诚的骑士。第 1 天,骑士收到一枚金币;之后 2 天(第 2、3 天)里,每天收到 2 枚金币;之后 3 天(第 4、5、6 天)里,每天收到 3 枚金币;之后 4 天(第 7、8、9、10 天)里,每天收到 4 枚金币……这种工资发放模式会一直这样延续下去:当连续 N 天每天收到 N 枚金币后,骑士会在之后的连续 N+1 天里,每天收到 N+1 枚金币(N 为任意正整数)。

已知 N 为 365,请你计算从第一天开始的给定天数内,骑士一共获得多少金币?

编程思路

根据题意,国王发放金币数的规律为 1,22,333,4444,……使用双重循环结构按此规律列举每天的金币数量并累计,直到发放 365 次后结束循环。

 程序清单

根据这个算法,编写程序求解答案,该程序清单见图 11-2。

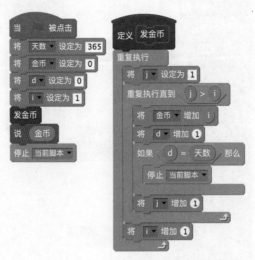

图 11-2 "国王发金币"程序清单

单击绿旗运行程序,得到答案:骑士一共获得了6579个金币。

如果其他条件不变,假设国王要求骑士每45天要出征一次,每次出征骑士需要自己购买武器和铠甲等物资,需要花去他当时积蓄的一半。那么,如果骑士最后还活着,他能攒下多少金币?

11.3 三色球问题

问题描述

如果一个口袋里放有12个球,其中有3个红色的,3个白色的,6个黑色的。从中任取8个球,请问共有多少种不同的颜色搭配?

编程思路

根据题意,采用枚举法来解决这个问题。用一个双重循环结构来列举红球和白球的数量,黑球的数量可用8减去红球和白球的数量得到。红球和白球的取值范围为0~3,则黑球的取值范围是小于或等于6。

程序清单

根据这个算法,编写程序求解答案,该程序清单见图11-3。

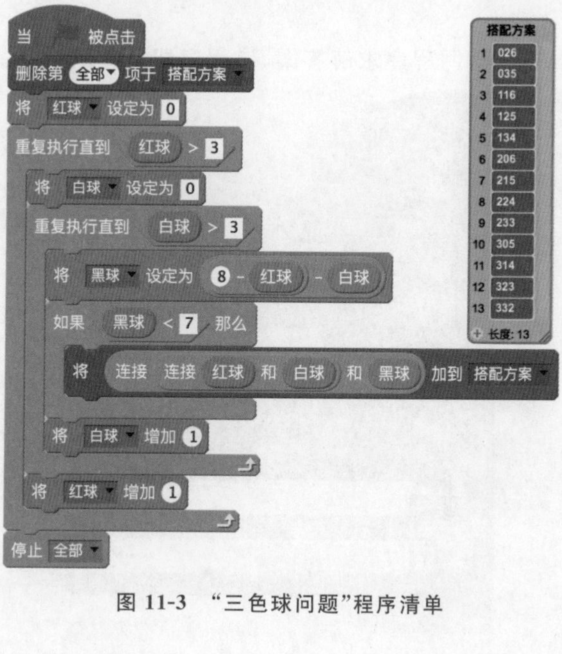

图 11-3 "三色球问题"程序清单

单击绿旗运行程序，找到的搭配方案将记录在"搭配方案"列表中。

 试一试

如果其他条件不变，从中任取 9 个球，请问共有多少种不同的颜色搭配？

11.4 小鱼有危险吗

 问题描述

有一次，小鱼要从 A 处沿直线往右边游，小鱼第一秒可以游 7m，从第二秒开始每秒游的距离只有前一秒的 98％。有一个捕鱼者在距离 A 处右边 14m 的地方安装了一个隐蔽的探测器，探测器左右 1m 之内是探测范围。一旦小鱼进入探测器的范围，探测器就开始把信号传递给捕鱼者，他在 1s 后就要对探测器范围内的水域进行抓捕，这时如果小鱼还在这个范围内就危险了。也就是说小鱼一旦进入探测器范围，如果能在下一秒的时间内马上游出探测器的范围，则是安全的。

请你判断小鱼是否有危险？如果有危险输出 Y，没有危险输出 N。

 编程思路

根据题意，用一个循环结构累计小鱼游动的距离，当小鱼进入探测器范围时就结束循环。最后判断小鱼在 1s 内是否能游出探测范围，就能知道小鱼是否有危险。

 程序清单

根据上述介绍的算法，编写程序求解答案，该程序清单见图 11-4。

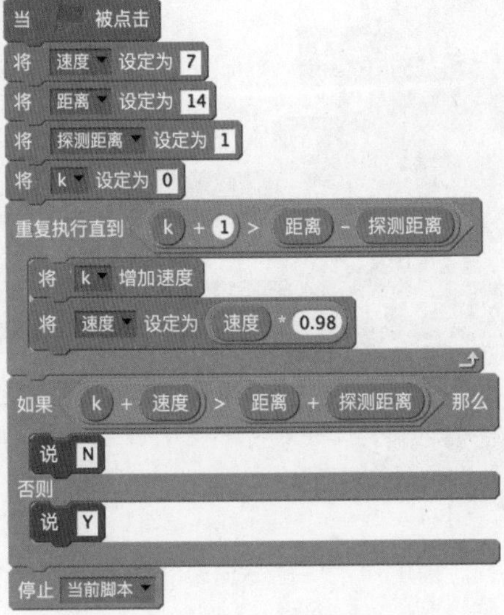

图 11-4 "小鱼有危险吗"程序清单

单击绿旗运行程序,得到答案:N。即小鱼没有危险。

如果其他条件不变,小鱼从第二秒开始每秒游的距离只有前一秒的50%,请问小鱼会有危险吗?

11.5 狐狸找兔子

围绕着山顶有 10 个洞,一只兔子和一只狐狸住在各自的洞里,狐狸总想吃掉兔子。有一天,兔子对狐狸说:"你想吃我有一个条件,你先把这些洞从 1 到 10 进行编号,你从第 10 号洞出发,先到第 1 号洞找我,第二次隔一个洞找我,第三次隔两个洞找我,以后以此类推,次数不限。如果你能找到我,你就可以饱餐一顿。但是在没找到我之前你不能停止。"狐狸一想只有 10 个洞,寻找的次数又不限,哪有找不到的道理,就答应了兔子的条件。结果狐狸找了 1000 次,累晕了也没找到兔子。请问兔子躲在哪个洞里?

编程思路

根据题意,狐狸每次进洞的编号可以用如下公式计算:

$$n = (n + i) \% 10$$

其中,%是取余数运算;i 为进洞的次数,初值为 1;n 为洞的编号,初值为 0,如果编号为 0,则用 10 代替。

该程序的编程思路:先创建一个名为"洞"的列表,并把各个元素设置为 0;然后在一个循环结构中计算出每一次狐狸进洞的编号,并把编号对应的列表中的元素值设置为 1;最后列表中值为 0 的元素就是狐狸没有进过的洞。

程序清单

根据上面介绍的算法,编写程序求解答案,该程序清单见图 11-5。

单击绿旗运行程序,得到答案,兔子只要躲在 2、4、7、9 号洞中就不会被狐狸找到。

试一试

如果其他条件不变,假设山顶有 15 个洞,请问兔子躲在哪些洞里才安全?

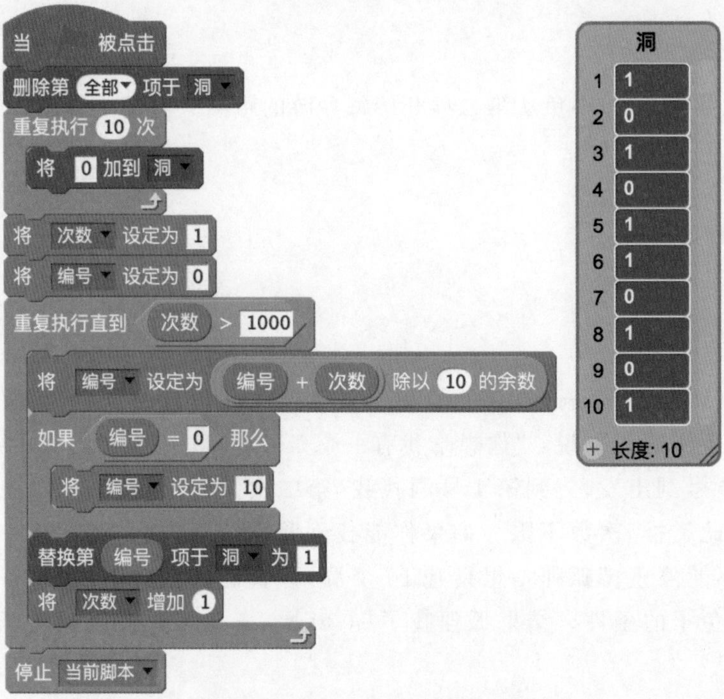

图 11-5 "狐狸找兔子"程序清单

11.6 龟兔赛跑

 问题描述

乌龟与兔子进行赛跑，赛场是一个矩形跑道，跑道边可以随地进行休息。乌龟每分钟可以前进 3m，兔子每分钟前进 9m；兔子嫌乌龟跑得慢，觉得肯定能跑赢乌龟，于是每跑 10min 回头看一下乌龟，若发现自己超过乌龟，就在路边休息，每次休息 30min，否则继续跑 10min；而乌龟非常努力，一直跑，不休息。假定乌龟与兔子在同一起点同一时刻开始起跑，请问 T min 后乌龟和兔子谁跑得快？

 编程思路

题意描述得比较清楚，编写程序时，可以用一个循环来计时，乌龟一直跑，直接累加其路程；而兔子则区分跑步和休息两种状态，只在跑步状态时才累加兔子的路程。

 程序清单

"龟兔赛跑"程序清单见图 11-6。

图 11-6　"龟兔赛跑"程序清单

单击绿旗运行程序,输入龟兔赛跑的时间,就可以求出兔子和乌龟各自的路程,谁快谁慢一目了然。

试一试

如果想让乌龟赢得比赛,请问将比赛设定为多少时间合适?

11.7　守望者的逃离

问题描述

恶魔猎手尤迪安野心勃勃,他背叛了暗夜精灵,率领深藏在海底的娜迦族企图叛变。

守望者在与尤迪安的交锋中遭遇了围杀,被困在一个荒芜的大岛上。为了杀死守望者,尤迪安开始对这个荒岛施咒,这座岛很快就会沉下去。到那时,岛上所有人都会遇难。守望者的跑步速度为 17m/s,以这样的速度是无法逃离荒岛的。庆幸的是守望者拥有闪烁法术,可在 1s 内移动 60m,每次使用闪烁法术都会消耗魔法值 10 点。守望者的魔法值恢复的速度为 4 点/s,只有处在原地休息状态时才能恢复。

现在已知守望者的魔法初值为 39 点,他所在的初始位置与岛的出口之间的距离为 200m,岛沉没的时间为 9s。

你的任务是写一个程序帮助守望者计算如何在最短的时间内逃离荒岛,若不能逃出,则输出守望者在剩下的时间内能走的最远距离。注意:守望者跑步、闪烁或休息活动均以秒为单位,且每次活动的持续时间为整数秒;距离的单位为米。

编程思路

根据题意，用一个循环结构进行计时，将两种移动方式得到的距离分别用 a 和 b 表示，先计算守望者用跑步方式移动的距离，再计算用闪烁法术移动的距离，并判断如果它比跑步快，就用它替换前者。直到最后守望者逃离荒岛或者失败。

 程序清单

根据上述算法，编写程序求解答案，该程序清单见图 11-7。

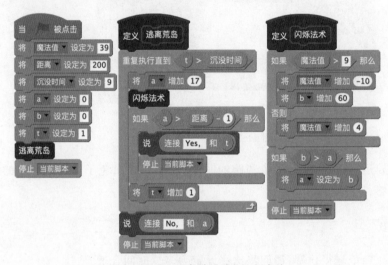

图 11-7　"守望者的逃离"程序清单

单击绿旗运行程序，得到答案：Yes,5。即守望者用 5s 逃离了荒岛。

 **试一试**

假设其他条件不变，守望者所在的初始位置与岛的出口之间的距离为 320m，请问他还能逃离荒岛吗？

11.8　找零钱

 问题描述

小店老板当前有面值分别为 50 元、20 元、10 元、5 元、2 元和 1 元的零钱，请给出找 N 元钱的最佳方案？

编程思路

该问题可以用贪心算法来解决，比如小店老板按上面的 6 种面值要找给顾客 99 元，为了找给顾客最少的纸币数,他首先找 50 元的,能找 99/50＝1(张);然后找 20 元的,能找 49/20＝2(张);剩下 9 元,然后找 10 元的,不能找,那么就找 5 元的…… 也就是每次考虑当前看起来最优的选择。

程序清单

根据上面介绍的算法,编写程序求解答案,该程序的代码见图 11-8。

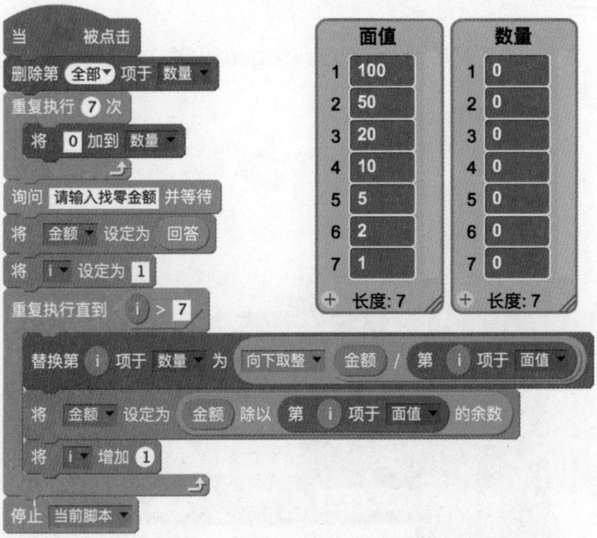

图 11-8 "找零钱"程序清单

单击绿旗运行程序,输入找零金额,程序执行后,在"数量"列表中就能显示组成找零金额的各面值的纸币数量。

试一试

雯雯在果园摘了 10 个苹果,这些苹果的重量(kg)分别是:0.25、0.23、0.21、0.2、0.18、0.16、0.15、0.13、0.12、0.1。但是雯雯只有一个能装 1.5kg 的小袋子,她想尽可能把重量大的苹果装到袋子里。请问她应该怎么装?请你编写程序给出具体方案。

11.9 饮料换购

问题描述

乐羊羊饮料厂正在举办一次促销优惠活动:乐羊羊 C 型饮料,凭 3 个瓶盖可以再换一瓶 C 型饮料,并且可以一直循环下去,但不允许暂借或赊账。

请你计算一下,如果小明不浪费瓶盖,并尽量地参加活动,那么,对于他初始买入的 n 瓶饮料,最后他一共能得到多少瓶饮料?

编程思路

根据题意，用一个循环结构处理小明不断换购饮料的过程，将瓶盖数除以3取整得到换购饮料数量，再将换购数加上剩余的瓶盖数，不断重复换购过程，并累计总瓶数。直到全部瓶盖数小于3不能再换购为止。

 程序清单

根据上面算法，编写程序求解答案，该程序清单见图11-9。

当 ▇ 被点击
询问 请输入开始买了多少瓶饮料? 并等待
将 总瓶数 ▼ 设定为 回答
将 瓶盖数 ▼ 设定为 回答
重复执行直到 瓶盖数 < 3
　　将 换购数 ▼ 设定为 向下取整 瓶盖数 / 3
　　将 瓶盖数 ▼ 设定为 换购数 + 瓶盖数 除以 3 的余数
　　将 总瓶数 增加 换购数
说 连接 连接 小明最多喝了 和 总瓶数 和 瓶饮料
停止 当前脚本 ▼

图11-9 "饮料换购"程序清单

单击绿旗运行程序，输入一个初始买入的饮料数量：36。程序执行后得到答案：小明最多得了53瓶饮料。

 试一试

在上面的题目中，如果允许暂借或赊账，也就是当小明有两个空瓶时，可以先向老板借一个空瓶，凑够三个空瓶就能换一瓶饮料，在喝完饮料后，再把一个空瓶还给老板。请你试一试，按这个情况修改上述程序。

11.10　复制机器人

问题描述

钛星球的机器人可以自我复制，它们用1年的时间可以复制出2个自己，之后就失去复制能力。每年钛星球都会选出1个新出生的机器人发往太空。也就是说，如果钛星球原有机器人5个，那么，1年后总数是：5＋9＝14，2年后总数是：5＋9＋17＝31。

在10年之后，当人类来到钛星球时，发现机器人总数为14340，你能算出最初有多少

机器人吗？

 编程思路

　　根据题意，可以发现机器人数量变化的规律，机器人只能复制出一代就失去复制能力，而每年新生代的机器人数量为上一年新生代机器人数量的两倍减一，即 $x = 2x - 1$。以最初的机器人数量为基数，依次累加每年新生代机器人的数量，就可以得到该问题的解。

 程序清单

　　据上面介绍的算法，编写程序求解答案，该程序清单见图 11-10。

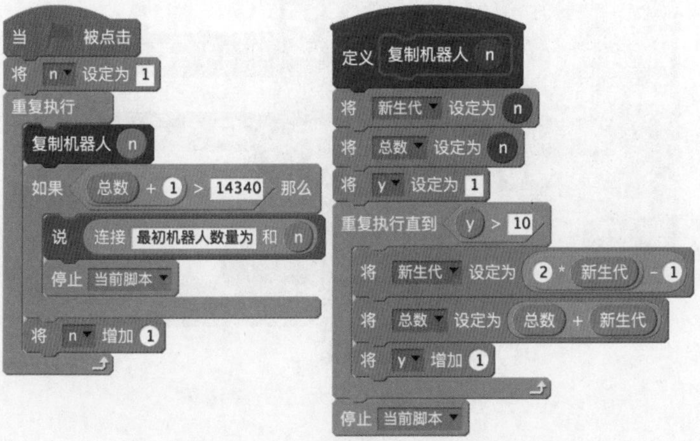

图 11-10　"复制机器人"程序清单

　　单击绿旗运行程序，得到答案：最初机器人数量为 8。

 试一试

　　在人类先遣队在钛星球定居后，人类对钛星球上的机器人做了改进，机器人每年可以复制 3 个，之后失去复制能力。同时人类决定每年向太空发送两个新出生的机器人。请问，在人类定居钛星球 10 年后，该星球上有多少个机器人？

11.11　猴子选大王

问题描述

　　一群猴子要选新猴王。新猴王的选择方法是：让 88 只候选猴子围成一圈，从某位置起顺序编号为 1～88 号。从第 1 号开始报数，每轮从 1 报到 6，凡报到 6 的猴子就退出圈子，接着又从紧邻的下一只猴子开始以同样的方式报数。如此不断循环，最后剩下的一只猴子就选为猴王。请问是原来的第几号猴子当选猴王？

编程思路

根据题意，把 88 只猴子的编号放到一个名为"队列"的列表中，然后在一个循环结构中模拟报数，如果某个编号的报数能被 6 整除，则将该编号删除，否则就把该编号移动到"队列"列表的尾部参与后面的报数。

 程序清单

根据上面介绍的算法，编写程序求解答案，该程序清单见图 11-11。

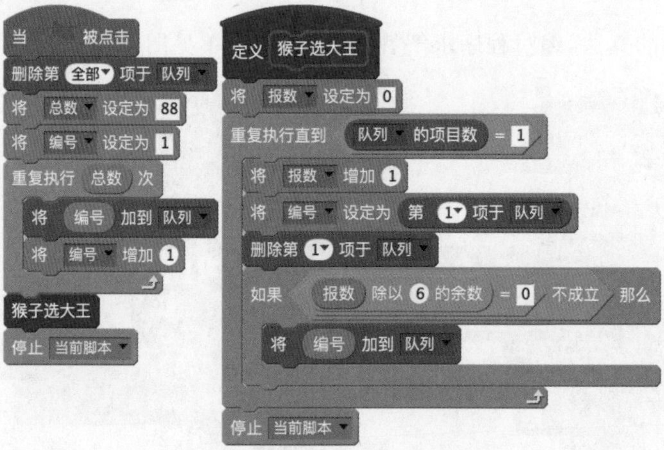

图 11-11 "猴子选大王"程序清单

单击绿旗运行程序，得到答案：最后剩下当选猴王的猴子是 85 号。

 试一试

在这个问题中，如果是报数到 9 的猴子出局，请问最后是第几号猴子当猴王？

11.12 微生物增殖

 问题描述

假设有两种微生物 x 和 y。x 出生后每隔 3min 分裂一次（数量加倍），y 出生后每隔 2min 分裂一次（数量加倍）。一个新出生的 x，0.5min 之后吃掉 1 个 y，并且，从此开始，每隔 1min 吃 1 个 y。

现在已知有新出生的 x 为 10，y 为 90，求 60min 后 y 的数量是多少？

 编程思路

本题的要求就是写出初始条件下，60min 后 y 的数量。该程序的编程思路：使用一个循环

结构进行60min计时,时间以分为单位增加。在循环中,使 y 每次减少 x 个,即 y 被 x 吃掉;使 y 和 x 分别间隔2min和3min增加一倍。最后在循环结束时将 y 的值用"说"指令输出。

 程序清单

"微生物增殖"程序清单见图11-12。

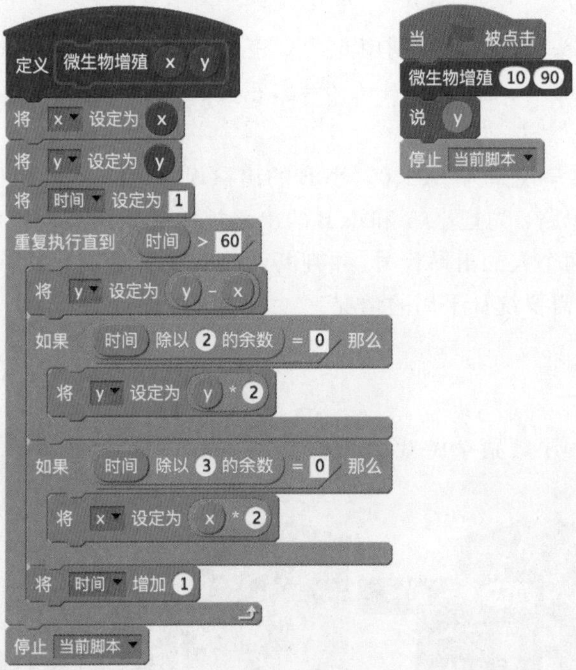

图 11-12 "微生物增殖"程序清单

单击绿旗运行程序,得到答案:60min后 y 的数量为94371840。

试一试

假设现在有新出生的 x 为 10,y 为 89,求 60min 后 y 的数量是多少?

最后的结果是否令你震惊? y 种群仅仅因为数量减少一个而使整个种群遭到灭绝,而在真实的生物圈中平衡状态被打破后也可能出现类似可怕的后果。

11.13 石头剪刀布

问题描述

石头剪刀布是常见的猜拳游戏。石头胜剪刀,剪刀胜布,布胜石头。如果两个人出拳一样,则为平局。

一天,小 A 和小 B 正好在玩石头剪刀布。已知他们的出拳都是有周期性规律的,比如，"石头-布-石头-剪刀-石头-布-石头-剪刀……"就是以"石头-布-石头-剪刀"为周期不断循环的。

已知小 A 的出拳规律是"石头-剪刀-布"，小 B 的出拳规律是"石头-布-石头-剪刀"。请问，小 A 和小 B 比了 10 轮之后，谁赢的轮数多？

 编程思路

根据题意，把石头、剪刀、布分别用 5、2、0 表示，那么游戏规则可以表示为：石头 5＋剪刀 2＝7，剪刀 2＋布 0＝2，石头 5＋布 0＝5，石头 5＋石头 5＝10，剪刀 2＋剪刀 2＝4，布 0＋布 0＝0。

另外，小 A 的出拳规律为"5、2、0"，小 B 的出拳规律为"5、0、5、2"。

该程序的编程思路：先把小 A 和小 B 的出拳规律放入两个列表中，然后从两个列表中按顺序依次取出两个人的出拳代号，并判断大小和统计输赢次数。我们只需要统计双方输赢的次数，而不需要统计平局的情况。

 程序清单

该程序由入口程序、"猜拳游戏"模块（见图 11-13）和"比较大小"模块（见图 11-14）组成。

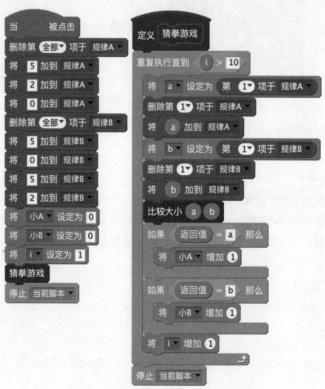

图 11-13　"石头剪刀布"入口程序和"猜拳游戏"模块

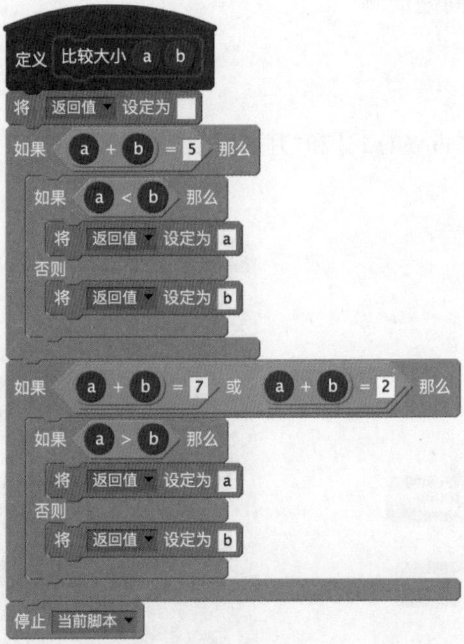

图 11-14　"比较大小"模块

单击绿旗运行程序,得到答案:小 A 赢了 4 轮,小 B 赢了 2 轮,双方打平 4 轮,所以小 A 赢的轮数多。

试一试

如果其他条件不变,小 A 的出拳规律改为"石头-布-剪刀",那么请问谁赢的轮数多?

11.14　古堡算式

问题描述

福尔摩斯到某古堡探险,看到门上写着一个奇怪的算式:

$$ABCDE×?=EDCBA$$

他对华生说:"ABCDE 应该代表不同的数字,问号也代表某个数字。"

华生:"我猜也是。"

于是,两人沉默了好久,还是没有算出合适的结果。

请你利用计算机的优势,找到破解的答案,把 ABCDE 所代表的数字写出来。

编程思路

根据题意,采用枚举法求解该问题。使用一个循环结构从 10000 开始列举出各个被乘数,如果被乘数各位上的数字不重复,再把被乘数反序排列作为商,然后判断如果商能够整除被乘数,则找到该问题的解。

 程序清单

该程序由入口程序、"古堡算式"和"判断重复"模块(见图 11-15)以及"反序排列"模块(见图 11-16)组成。

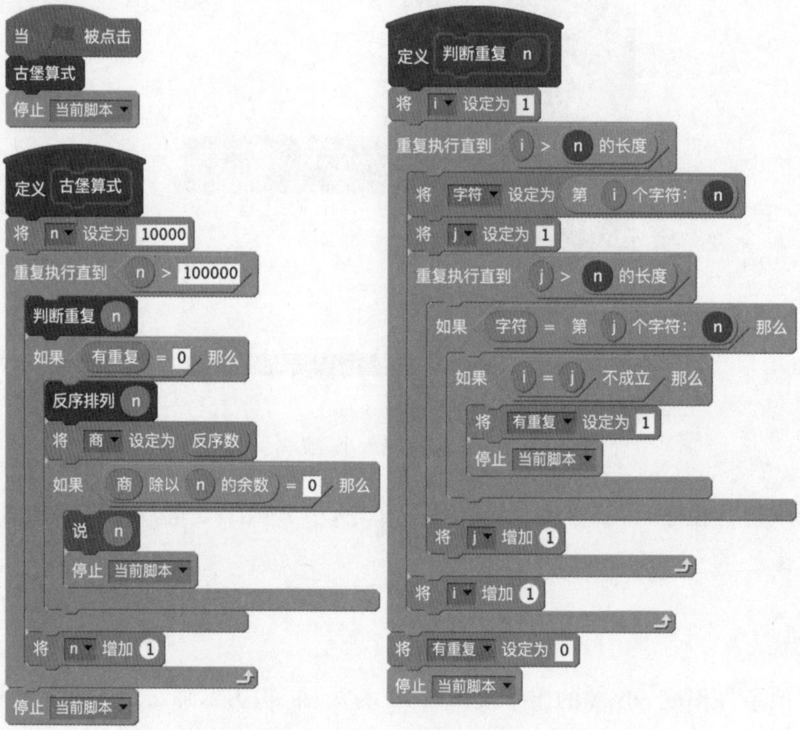

图 11-15　入口程序、"古堡算式"和"判断重复"模块

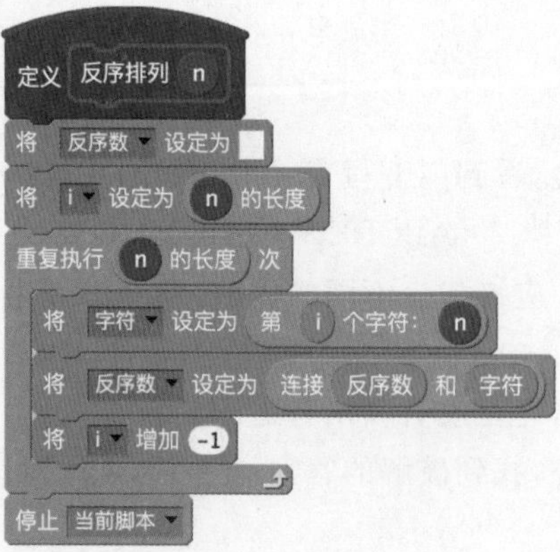

图 11-16　"反序排列"模块

单击绿旗运行程序,得到答案：ABCDE 各个字母代表的数字为 21978。

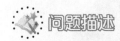

如果福尔摩斯在古堡门上看到的算式是 ABCDE÷？＝EDCBA，请求出 ABCDE 所代表的数字。

11.15　拦截导弹

问题描述

某国为了防御敌国的导弹袭击，开发出一种导弹拦截系统。但是这种导弹拦截系统有一个缺陷：虽然它的第一发炮弹能够到达任意高度，但是以后每一发炮弹都不能高于前一发的高度。某天，雷达捕捉到敌国的 8 枚导弹来袭。雷达给出的导弹飞来的高度依次为：389、207、155、300、299、170、158、65。

要求按照导弹袭击的时间顺序拦截全部导弹，不允许先拦截后面的导弹，再拦截前面的导弹。请你计算一下最少需要多少套拦截系统？

编程思路

采用贪心策略求解该问题。首先把第 1 枚导弹的高度存入"拦截系统"列表中，即创建第一套拦截系统。然后把第 2 枚导弹的高度与"拦截系统"列表中的各个元素比较，如果它小于或等于某个元素，则将该元素的值替换为第 2 枚导弹的高度，即该元素代表的那套拦截系统能多次拦截高度更低的导弹，不需要增加新的拦截系统。如果第 2 枚导弹的高度比"拦截系统"列表中的各个元素值都大，则说明没有能够拦截第 2 枚导弹的拦截系统，这时就创建一套新的拦截系统，将第 2 枚导弹的高度插入"拦截系统"列表中。其他各枚导弹按此过程进行处理，最后"拦截系统"列表中包含的元素个数就是需要创建的拦截系统数量，到此求得到该问题的解。

首先创建一个名为"导弹"的列表，并把 8 枚导弹的高度依次录入此列表中；再创建一个名为"拦截系统"的列表用于存放各套拦截系统的最后拦截导弹的高度，每个元素代表一套拦截系统。两个列表见图 11-17。

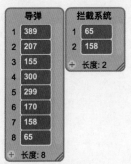

图 11-17　"导弹"列表和"拦截系统"列表

程序清单

根据上面介绍的算法，编写求解"拦截导弹"问题的程序清单，见图 11-18。

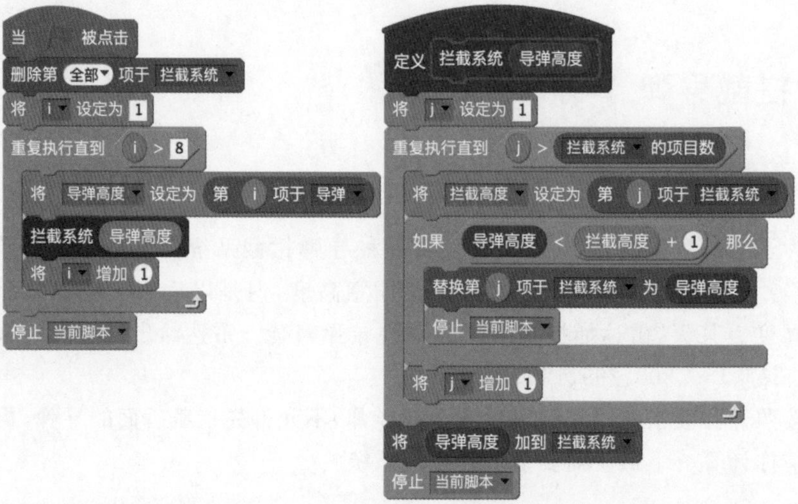

图 11-18 "拦截导弹"程序清单

单击绿旗运行程序，得到答案：最少需要 2 套拦截系统。

试一试

假设由于导弹拦截系统造价太高，某国只部署了一套这种系统。那么，面对来袭的 8 枚导弹，该系统最多能拦截多少枚导弹？

第 12 章 玩扑克学算法

著名计算机科学家尼克劳斯·沃思提出过一个著名的公式：

算法＋数据结构＝程序

算法是程序的灵魂，一个优秀的算法能使程序的性能带来质的飞跃。通俗地说，算法是一个定义明确的计算过程，可以把一些值或一组值作为输入，经过一系列计算步骤后，产生一些值或一组值作为输出。

学习算法有时不是一件容易的事。我们都知道学习编程最重要的是动手实践，但是在学习算法原理时，明明感觉自己懂了，而当编程实现时却又无从下手或不得要领。特别是向青少年讲授算法知识时，更是一种有难度的挑战。

我们在玩扑克纸牌时，抓牌整理的过程和"插入排序"算法极其类似，受此启发，本书作者设计了若干个学习排序算法的扑克纸牌游戏，使你不用编程就能学习排序算法。通过扑克纸牌游戏来领悟排序算法原理，反复练习就能掌握它们，之后再编程自然倍感简单，即使是小学生也能轻松掌握。

本章将以寓教于乐的扑克纸牌游戏教读者学习几个常用的排序算法和查找算法，内容如下：

◇ 冒泡排序
◇ 选择排序
◇ 插入排序
◇ 希尔排序
◇ 快速排序
◇ 顺序查找
◇ 二分查找

12.1 冒泡排序

 问题描述

冒泡排序是一种简单的排序算法，它的基本思想是，对数组由后往前依次比较相邻的两个元素，使小的元素像气泡一样不断上浮到数组前面，最终得到一个由小到大排列的有序数组。

下面介绍如何使用扑克纸牌来演示冒泡排序算法。

准备扑克纸牌一副,红、蓝色瓶盖各一个。为便于演示,取牌面为 2、4、6、7、8 的 5 张纸牌进行排序操作。将 5 张纸牌打乱顺序,牌面朝下呈一字排开,假设 5 张牌从左到右依次为 8、6、4、7、2。

第一轮排序:在左端第 1 张纸牌上方放置红色瓶盖,标记为 j。在第 5 张纸牌上方放置蓝色瓶盖,标记为 i。然后从右向左依次查看 i 和 $i-1$ 位置相邻的两张纸牌,并比较两张牌大小。如果纸牌 i 小于纸牌 $i-1$,则交换两者位置。然后将蓝色瓶盖向左移动 1 步 ($i=i-1$)。重复上述操作直到蓝色瓶盖与红色瓶盖碰到一起,将 j 位置的纸牌翻开。到此结束第一轮排序,最小的一张纸牌 2 被移动到正确位置,如图 12-1 所示。

第二轮排序:将红色瓶盖向右移动 1 步($j=j+1$),将蓝色瓶盖放置到最右端($i=5$)。然后按照前面描述的步骤进行比较和交换,直到蓝色瓶盖与红色瓶盖碰到一起,将 j 位置的纸牌翻开。到此结束第二轮排序,纸牌 4 被移动到正确位置,如图 12-2 所示。

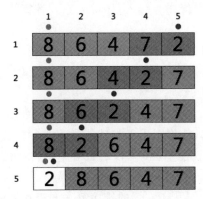

图 12-1　冒泡排序第一轮排序

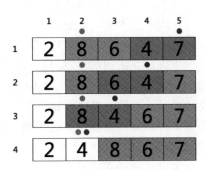

图 12-2　冒泡排序第二轮排序

第三轮排序:重复上述排序步骤,纸牌 6 被移动到正确位置,如图 12-3 所示。

第四轮排序:重复上述排序步骤,纸牌 7 被移动到正确位置,而剩下的纸牌 8 也处于正确位置,如图 12-4 所示。

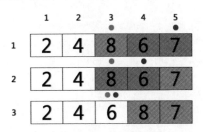

图 12-3　冒泡排序第三轮排序

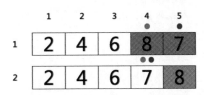

图 12-4　冒泡排序第四轮排序

至此,整个冒泡排序过程结束。5 张纸牌已经按照从小到大的顺序排列完毕。

编程思路

按照冒泡排序算法的基本思想,结合使用扑克牌演示冒泡排序算法的操作步骤,可以编写冒泡排序程序。该程序主要由一个入口程序和一个"冒泡排序"模块组成。

在运行程序之前,需要先将一组无序数据"8、6、4、7、2"录入"数组"列表中。

在实现冒泡排序算法时,需要交换两个元素的位置。为此,创建一个"交换元素"模块来实现此功能。另外,在其他排序算法中也需要用到这个功能,可复用这个模块。后续在介绍其他排序算法时,将不再单独列出。"交换元素"模块的代码见图 12-5。

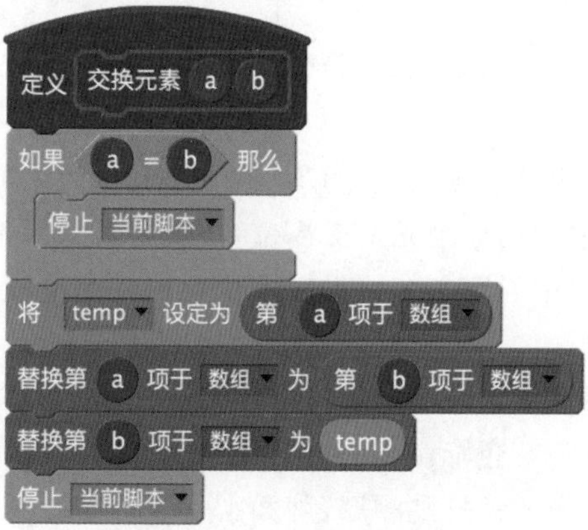

图 12-5   "交换元素"模块

程序清单

程序清单见图 12-6。

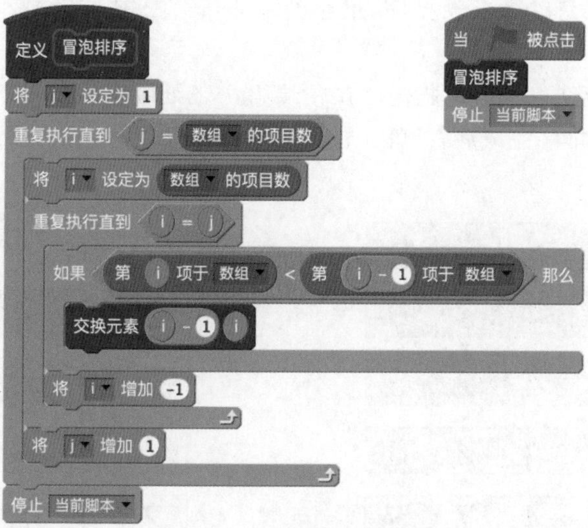

图 12-6   "冒泡排序"程序清单

单击绿旗运行程序,冒泡排序算法将会把数组中的无序数据"8、6、4、7、2"处理成按升序排列的数据。

练习使用扑克纸牌演示冒泡排序算法，并认真体会该算法的原理。

12.2 选择排序

问题描述

选择排序是一种简单的排序算法，它的基本思想是，从数组的未排序区域中选出一个最小的元素，把它与数组中的第一个元素交换位置；然后再从剩下的未排序区域中选出一个最小的元素，把它与数组中的第二个元素交换位置。按此重复上述过程，直到数组中的所有元素按升序排列完毕。

下面介绍如何使用扑克纸牌来演示选择排序算法。

准备扑克纸牌一副，红、蓝色瓶盖各一个。为便于演示，取牌面为2、4、6、7、8的5张纸牌进行排序操作。将5张纸牌打乱顺序，牌面朝下呈一字排开，假设5张牌从左到右依次为7、8、4、2、6。

第一轮排序：将红色和蓝色瓶盖放在左端第1张纸牌上方，标记为j。然后从红色瓶盖所在位置的下一张纸牌（$j+1$）开始，从左向右依次把每一张纸牌与蓝色瓶盖所在位置的纸牌比较大小，将蓝色瓶盖放在较小的纸牌上方。直到将红色瓶盖右边的纸牌全部比较一遍，这时蓝色瓶盖停留在最小的纸牌上方。然后将蓝色和红色瓶盖所在位置的两张纸牌交换位置，到此完成第一轮排序，最小的一张纸牌2被移动到正确位置，如图12-7所示。

第二轮排序：将红色和蓝色瓶盖放在左端第2张纸牌上方（$j=2$），按照上述步骤比较和交换，在第二轮排序完成后，纸牌4被移动到正确位置，如图12-8所示。

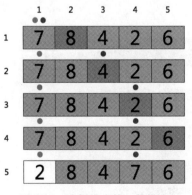

图 12-7 选择排序第一轮排序

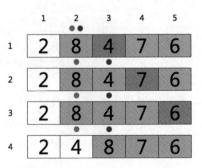

图 12-8 选择排序第二轮排序

第三轮排序：将红色和蓝色瓶盖放在左端第3张纸牌上方（$j=3$），按照上述步骤比较和交换，在第三轮排序完成后，纸牌6被移动到正确位置，如图12-9所示。

第四轮排序：将红色和蓝色瓶盖放在左端第4张纸牌上方（$j=4$），按照上述步骤比

较和交换,在第四轮排序完成后,纸牌 7 处于正确位置,而剩下的纸牌 8 也处于正确位置,
如图 12-10 所示。

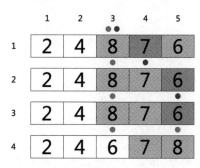

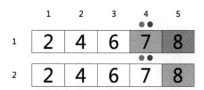

图 12-9　选择排序第三轮排序　　　　图 12-10　选择排序第四轮排序

至此,整个排序过程结束,这时 5 张扑克纸牌已经按照从小到大的顺序排列完毕。

 编程思路

按照选择排序算法的基本思想,结合使用扑克牌演示选择排序算法的操作步骤,可以
编写选择排序程序。该程序主要由一个入口程序和一个"选择排序"模块组成。

在运行程序之前,需要先将一组无序数据"7、8、4、2、6"录入"数组"列表中。

程序清单

程序清单见图 12-11。

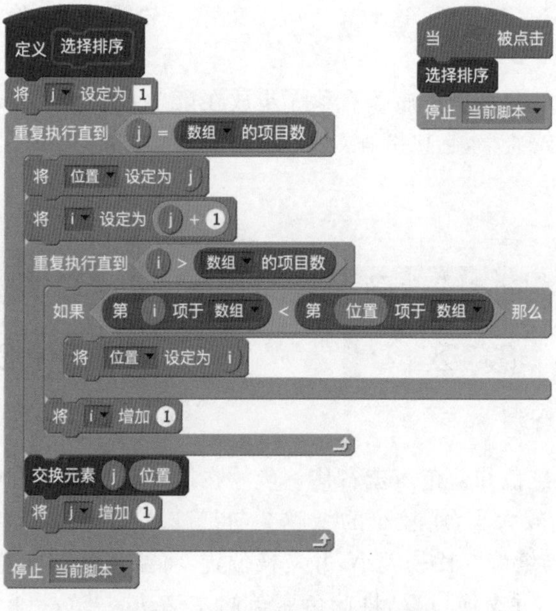

```
定义 选择排序
将 j 设定为 1
重复执行直到 j = 数组 的项目数
    将 位置 设定为 j
    将 i 设定为 j + 1
    重复执行直到 i > 数组 的项目数
        如果 第 i 项于 数组 < 第 位置 项于 数组 那么
            将 位置 设定为 i
        将 i 增加 1
    交换元素 j 位置
    将 j 增加 1
停止 当前脚本
```

```
当    被点击
选择排序
停止 当前脚本
```

图 12-11　"选择排序"程序清单

单击绿旗运行程序,选择排序算法将会把数组中的无序数据"7、8、4、2、6"处理成按升

序排列的数据。

练习使用扑克纸牌演示选择排序算法，并认真体会该算法的原理。

12.3 插入排序

问题描述

插入排序是一种简单的排序算法，它的基本思想是，把一个要排序的数组划分为已排序和未排序两部分，再从未排序部分逐个取出元素，把它和已排序部分的元素进行比较，从右到左比较相邻的两个元素，如果右边的元素比左边的元素小，则交换两个元素，并向左继续比较和交换；否则就停止比较。按此处理未排序部分的所有元素，最终得到一个按升序排列的有序数组。这种算法也称为直接插入排序。

下面介绍如何使用扑克纸牌演示插入排序算法。

准备扑克纸牌一副，红、蓝色瓶盖各一个。为便于演示，取牌面为 2、4、6、7、8 的 5 张纸牌进行排序操作。将 5 张纸牌打乱顺序，牌面朝下呈一字排开，假设 5 张牌从左到右依次为 6、4、8、2、7。

把左端的第 1 张纸牌翻开，作为已排序部分，其他纸牌作为未排序部分。

第一轮排序：将红色瓶盖（标记为 j）和蓝色瓶盖（标记为 i）放在第 2 张纸牌处（$j=2$，$i=j$），再将纸牌 4 与左边的纸牌 6 比较大小，将较小的纸牌 4 与纸牌 6 交换位置，将蓝色瓶盖向左移动一步（$i=i-1$）。这时 $i=1$，结束第一轮排序，纸牌 4 处于正确位置，如图 12-12 所示。

第二轮排序：将红色和蓝色瓶盖右移一步放在第 3 张纸牌上方（$j=j+1$），再将纸牌 8 与左边的纸牌 6 比较大小，它比纸牌 6 大而无须交换，结束第二轮排序，纸牌 8 处于正确位置，如图 12-13 所示。

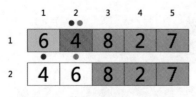

图 12-12　插入排序第一轮排序

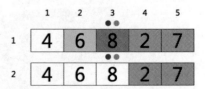

图 12-13　插入排序第二轮排序

第三轮排序：将红色和蓝色瓶盖右移一步放在第 4 张纸牌上方（$j=j+1$），再将纸牌 2 与左边的纸牌 8 比较大小，将较小的纸牌 2 与纸牌 8 交换位置，将蓝色瓶盖向左移动一步（$i=3$）；之后再与纸牌 6 比较大小，并交换位置，将蓝色瓶盖向左移动一步（$i=2$）；最后与纸牌 4 比较大小，并交换位置，将蓝色瓶盖向左移动一步（$i=1$），这时结束第三轮排序，纸牌 2 处于正确位置，如图 12-14 所示。

第四轮排序：将红色和蓝色瓶盖右移一步放在第 5 张纸牌上方（$j=j+1$），再将纸

7 与左边的纸牌 8 比较大小,将较小的纸牌 7 与纸牌 8 交换位置,将蓝色瓶盖向左移动一步($i=4$);再将纸牌 7 与左边的纸牌 6 比较大小,它比纸牌 6 大而无须交换,这时结束第四轮排序,纸牌 7 处于正确位置,如图 12-15 所示。

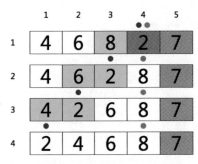

图 12-14 插入排序第三轮排序 图 12-15 插入排序第四轮排序

至此,整个排序过程结束,这时 5 张扑克纸牌已经按照从小到大的顺序排列完毕。

 编程思路

按照插入排序算法的基本思想,结合使用扑克牌演示插入排序算法的操作步骤,可以编写插入排序程序。该程序主要由一个入口程序和一个"插入排序"模块组成。

在运行程序之前,需要先将一组无序数据"6、4、8、2、7"录入"数组"列表中。

 程序清单

程序清单见图 12-16。

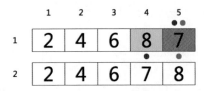

图 12-16 "插入排序"程序清单

单击绿旗运行程序,插入排序算法将会把数组中的无序数据"6、4、8、2、7"处理成按升序排列的数据。

练习使用扑克纸牌演示插入排序算法,并认真体会该算法的原理。

12.4 希尔排序

问题描述

希尔排序是直接插入排序算法的一种更高效的改进版本,它的基本思想是,先将整个待排序元素序列分割成若干个子序列(由相隔某个"增量"的元素组成的)分别进行直接插入排序,然后依次缩减增量再进行排序,待整个序列中的元素基本有序(增量足够小)时,再对全体元素进行一次直接插入排序。

下面介绍如何使用扑克纸牌演示希尔排序算法。

准备扑克纸牌一副,红、蓝色瓶盖各一个。为便于演示,取牌面为 2、4、6、7、8 的 5 张纸牌进行排序操作。将 5 张纸牌打乱顺序,牌面朝下呈一字排开,假设 5 张牌从左到右依次为 6、7、8、2、4。

第一轮排序:先计算间隔(用 5 除以 2 再四舍五入)gap＝5/2＝3。以 3 为间隔放置两个瓶盖,将红色瓶盖放在第 1 张纸牌上方,将蓝色瓶盖放在第 4 张纸牌上方。接着比较两个瓶盖处的纸牌,纸牌 2 小于纸牌 6,将两者交换位置。之后将两个瓶盖分别向右移动一步,纸牌 4 小于纸牌 7,将两者交换位置。到此结束第一轮排序,如图 12-17 所示。

第二轮排序:计算间隔 gap＝gap/2＝3/2＝2。以 2 为间隔放置两个瓶盖,将红色瓶盖放在第 1 张纸牌上方,将蓝色瓶盖放在第 3 张纸牌上方。接着比较两个瓶盖处的纸牌,纸牌 8 大于纸牌 2,不用交换。之后将两个瓶盖分别向右移动一步,纸牌 6 大于纸牌 4,不用交换。之后将两个瓶盖分别向右移动一步,纸牌 7 小于纸牌 8,将两者位置交换。到此结束第二轮排序,如图 12-18 所示。

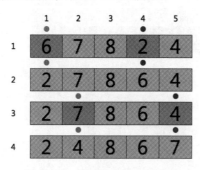

图 12-17　希尔排序第一轮排序

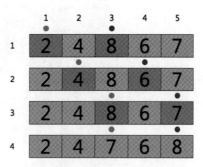

图 12-18　希尔排序第二轮排序

第三轮排序:计算间隔 gap＝gap/2＝2/2＝1。以 1 为间隔放置两个瓶盖,将红色瓶盖放在第 1 张纸牌上方,将蓝色瓶盖放在第 2 张纸牌上方。接着比较两个瓶盖处的纸牌,纸牌

4 大于纸牌 2,不用交换。之后将两个瓶盖分别向右移动一步,纸牌 7 大于纸牌 4,不用交换。
之后将两个瓶盖分别向右移动一步,纸牌 6 小于纸牌 7,将两者位置交换。之后将两个瓶盖
分别向右移动一步,纸牌 8 大于纸牌 7,不用交换。到此结束第三轮排序,如图 12-19 所示。

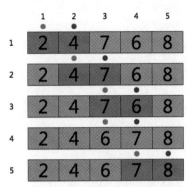

图 12-19　希尔排序第三轮排序

当间隔 gap 为 1 的排序过程结束后,5 张扑克纸牌已经按照从小到大的顺序排列完毕。

 编程思路

按照希尔排序算法的基本思想,结合使用扑克牌演示希尔排序算法的操作步骤,可以
编写希尔排序程序。该程序主要由一个入口程序和一个"希尔排序"模块组成。

在运行程序之前,需要先将一组无序数据"6、7、8、2、4"录入"数组"列表中。

 程序清单

程序清单见图 12-20。

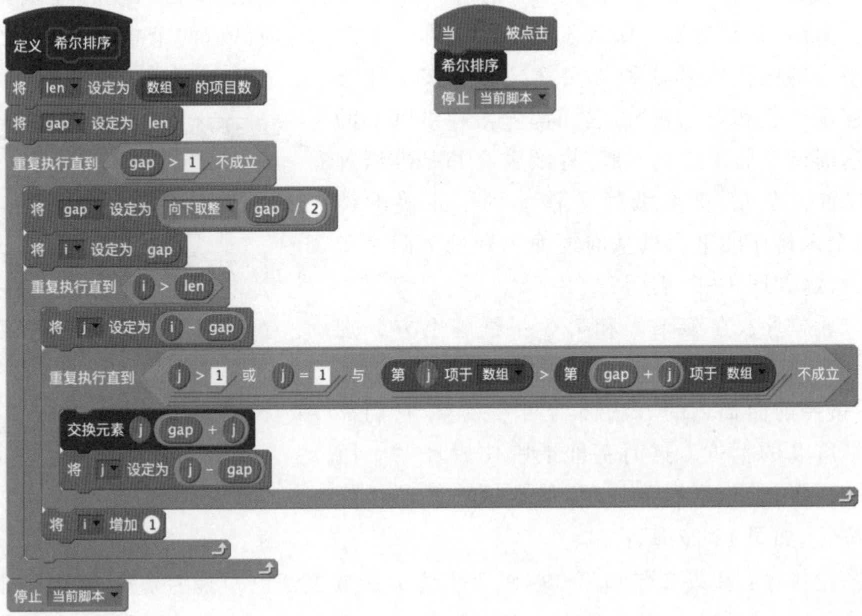

图 12-20　"希尔排序"程序清单

单击绿旗运行程序,希尔排序算法将会把数组中的无序数据"6、7、8、2、4"处理成按升序排列的数据。

练习使用扑克纸牌演示希尔排序算法,并认真体会该算法的原理。

12.5　快速排序

问题描述

快速排序是当前最优秀的一种内部排序算法,它的基本思想是,选择未排序数组左端的第一个元素作为基准,经过一轮排序后,小于基准的元素移到基准左边,而大于基准的元素移到基准右边,而作为基准的元素移到排序后的正确位置。这样整个数组被基准划分为两个未排序的分区。之后依次对未排序的分区以递归方式进行上述操作。每一轮排序都能使一个基准元素放到排序后的正确位置。当所有分区不能再继续划分,排序完成,就得到一个按升序排列的有序数组。

下面介绍如何使用扑克纸牌演示快速排序算法。

准备扑克纸牌一副,红、蓝色瓶盖各一个。为便于演示,取牌面为2、4、6、7、8的5张纸牌进行排序操作。将5张纸牌打乱顺序,牌面朝下呈一字排开,假设5张牌从左到右依次为7、6、8、2、4。

第一轮排序:开始时全部5张纸牌都未排序,在左右两端的第1张和第5张纸牌上方分别放置红色和蓝色瓶盖。翻开红色瓶盖处的第1张纸牌7作为基准,然后先从右向左移动蓝色瓶盖,将它停留在找到的第一张小于基准的纸牌4上方;再从左向右移动红色瓶盖,将它停留在找到的第一张大于基准的纸牌8上方。这时红蓝两个瓶盖没有碰到一起,将它们下方的两张纸牌8和4交换位置。按上述方法继续移动蓝色和红色瓶盖,它们都停留在纸牌2的上方。这时两个瓶盖碰到一起,将纸牌2和基准纸牌7交换位置。至此,基准纸牌7移动到了正确的位置,而整个未排序的纸牌被基准纸牌7划分为两个未排序的分区,如图12-21所示。

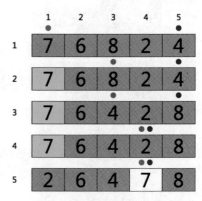

图12-21　快速排序第一轮排序

第二轮排序:在第1张和第3张纸牌上方分别放置红色和蓝色瓶盖,将第1张纸牌2翻开作为基准,然后按照前面描述的方法移动两个瓶盖,它们都停留在纸牌2的上方。这时基准纸牌位置和两个瓶盖相遇的位置相同,不需要处理,基准纸牌2已经处于正确位置,如图12-22所示。

第三轮排序:在第2张和第3张纸牌上方分别放置红色和蓝色瓶盖,将第2张纸牌6翻开作为基准,然后按照前面描述的方法移动两个瓶盖,它们相遇在纸牌4上方。这时将基准纸牌 6 和纸牌 4 交换位置,至此,基准纸牌 6 移动到了正确的位置,如图 12-23 所示。

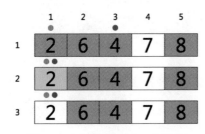

图 12-22 快速排序第二轮排序　　　　　图 12-23 快速排序第三轮排序

最后剩下第 2 张和第 5 张纸牌这两个未排序的分区,由于这两个分区都只有一张纸牌,无法继续进行分区,因此它们已经处于正确的位置。而整个快速排序的过程也就此结束,5 张纸牌已经按照从小到大的顺序排列完毕。

 编程思路

按照快速排序算法的基本思想,结合使用扑克牌演示快速排序算法的操作步骤,可以编写快速排序程序。该程序主要由一个入口程序和一个"快速排序"模块组成。

在运行程序之前,需要先将一组无序数据"7、6、8、2、4"录入"数组"列表中。

 程序清单

程序清单见图 12-24。

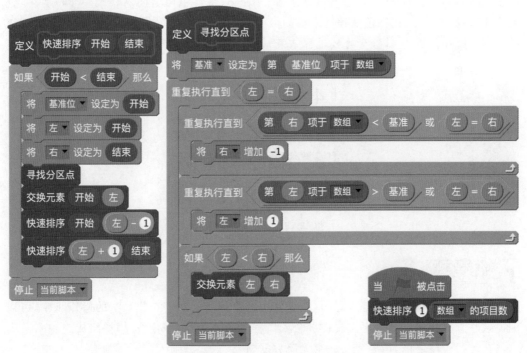

图 12-24 "快速排序"程序清单

单击绿旗运行程序,快速排序算法将会把数组中的无序数据"7、6、8、2、4"处理成按升序排列的数据。

练习使用扑克纸牌演示快速排序算法,并认真体会该算法的原理。

12.6　顺序查找

顺序查找是一种最常用的、简单的查找算法,它不要求数据是有序排列的。

顺序查找的基本思想是,按顺序由前往后(或由后往前)逐个查找数组中的元素,如果找到目标元素,则返回该元素在数组中的位置;否则就一直查找下去。如果到最后仍然没有找到目标元素,则查找失败。

下面介绍如何使用扑克纸牌演示顺序查找算法。

准备扑克纸牌一副,红色瓶盖一个。为便于演示,取牌面为2、4、6、7、8的5张纸牌进行排序操作。将5张纸牌打乱顺序,牌面朝下呈一字排开,假设5张牌从左到右依次为4、8、2、6、7。

假设要查找纸牌6的位置,则具体步骤如下:

在左端第1张纸牌处放置红色瓶盖,标记为 i,查看红色瓶盖处的纸牌,不是6;将红色瓶盖向右移动一步($i=2$),查看该处纸牌,不是6;将红色瓶盖向右移动一步($i=3$),查看该处纸牌,不是6;将红色瓶盖向右移动一步($i=4$),查看该处纸牌,正好是6,那么就返回纸牌6所在位置为4,整个查找过程结束,如图12-25所示。

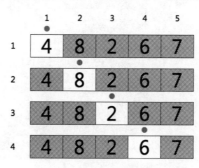

图12-25　顺序查找过程

按照顺序查找算法的基本思想,结合使用扑克牌演示顺序查找算法的操作步骤,可以编写顺序查找程序。该程序主要由一个入口程序和一个"顺序查找"模块组成。

在运行程序之前,需要先将一组无序数据"4、8、2、6、7"录入"数组"列表中。

程序清单

程序清单见图 12-26。

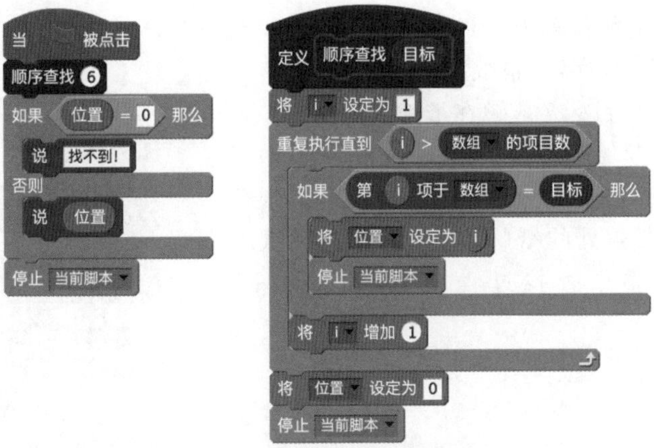

图 12-26 "顺序查找"程序清单

单击绿旗运行程序,将查找到 6 所在"数组"列表中的位置为 4。

试一试

练习使用扑克纸牌演示顺序查找算法,并认真体会该算法的原理。

12.7 二分查找

问题描述

二分查找是一种采用一分为二的策略来缩小查找范围并快速靠近目标的算法,它要求查找的数据必须是有序排列的。

二分查找的基本思想是,假设数组中的元素是按从小到大排列的,以数组的中间位置将数组一分为二,再将数组中间位置的元素与目标数据比较。如果它比目标数据大,则在数组的前半部分重复这个查找过程;如果它比目标数据小,则在数组的后半部分查找;如果它正好等于目标数据,则查找成功。重复上述过程,直到找到目标数据为止;或者在数组不能一分为二时,则查找失败。

二分查找算法在操作过程中需要计算中间位置,用它将查找范围一分为二,不断靠近目标。中间位置的计算公式为

中间位置＝(结束位置－起始位置)÷2＋起始位置

注意:计算结果需要四舍五入。

下面介绍如何使用扑克纸牌演示二分查找算法。

准备扑克纸牌一副,红色瓶盖一个。为便于演示,取牌面为 2、4、6、7、8 的 5 张纸牌进行排序操作。将 5 张纸牌按从小到大的顺序放置,牌面朝下呈一字排开,假设 5 张牌从左

到右依次为 2、4、6、7、8。

假设要查找纸牌 7 的位置，则具体步骤如下。

第一次查找：起始位置为 1，结束位置为 5，中间位置为(5－1)/2＋1＝3，将红色瓶盖放在第 3 张纸牌上方，翻开红色瓶盖处的纸牌，是 6。则目标 7 应该在纸牌 6 的右侧。

第二次查找：起始位置为 4，结束位置为 5，中间位置为(5－4)/2＋4＝5(此处注意四舍五入)，将红色瓶盖放在第 5 张纸牌上方，翻开红色瓶盖处的纸牌，是 8。则目标 7 应该在纸牌 8 的左侧。

第三次查找：起始位置为 4，结束位置为 4，中间位置为(4－4)/2＋4＝4，将红色瓶盖放在第 4 张纸牌上方，翻开红色瓶盖处的纸牌，正好是 7，返回纸牌 7 所在的位置 4，整个查找过程结束，如图 12-27 所示。

图 12-27　二分查找过程

 编程思路

按照二分查找算法的基本思想，结合使用扑克牌演示二分查找算法的操作步骤，可以编写二分查找程序。该程序主要由一个入口程序和一个"二分查找"模块组成。

在运行程序之前，需要先将一组有序数据"2、4、6、7、8"录入"数组"列表中。

 程序清单

程序清单见图 12-28。

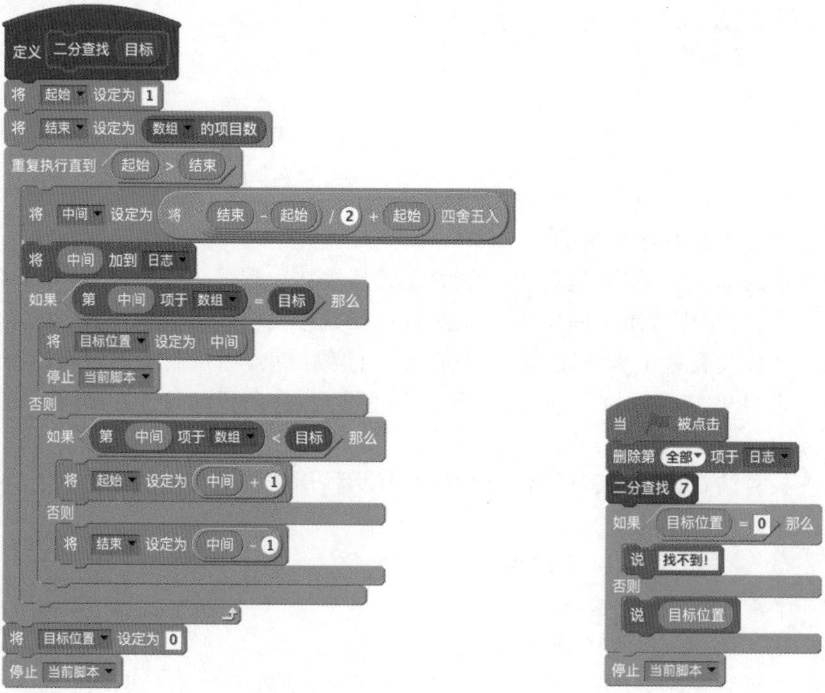

图 12-28　"二分查找"程序清单

单击绿旗运行程序,查找到 7 所在"数组"列表中的位置为 4。

练习使用扑克纸牌演示二分查找算法,并认真体会该算法的原理。

参 考 文 献

［1］徐品方,徐伟.古算诗题探源［M］.北京：科学出版社,2008.

［2］杨峰.妙趣横生的算法 C 语言实现［M］.北京：清华大学出版社,2010.

［3］衡友跃.Java 趣味编程 100 例［M］.北京：清华大学出版社,2013.